Diseño, produccion e implementacion de E-Learning

Metodologia, herramientas y modelos

Mariano L. Bernardez

AuthorHouse™
1663 Liberty Drive, Suite 200
Bloomington, IN 47403
www.authorhouse.com
Phone: 1-800-839-8640

First published by AuthorHouse 6/26/2007

ISBN: 978-1-4343-2108-4 (sc)

Library of Congress Control Number: 2007904521

Printed in the United States of America
Bloomington, Indiana

This book is printed on acid-free paper.

Diseño, produccion e implementacion de E-Learning

Metodologia, herramientas y modelos

Mariano L. Bernardez

authorHOUSE®

A

Juan Antonio Serna
Greg Kearsley
Gloria Gery

PROLOGO

En un mundo con 1,100 millones de personas con acceso a Internet , donde los medios electronicos permiten a estudiantes de Polinesia asistir a cursos de Harvard sin abandonar su casa y a ingenieros de Mumbai atender consultas de usuarios en California, el e-learning ha pasado de ser una "alternativa" a ser el estándar y la norma.

Sin embargo, con casi la misma frecuencia con la que se utiliza, surgen las quejas sobre e-Learning inefectivo, improvisado, que parece seguir los pasos que desprestigiaron los cursos por correspondencia casi un siglo atrás.

La experiencia nos ha demostrado que uno de los desafíos del e-learning es combinar el rigor analítico del software y el diseño de sistemas con la complejidad humanística del comportamiento y psicología del usuario y la practicidad económica del retorno de la inversión corporativa y la productividad personal.

Todas estas disciplinas han estado históricamente tan divorciadas –incluso enfrentadas- que por lo general se enseñan en facultades o departamentos completamente independientes en la mayoría de los países desarrollados.

Este libro aborda el e-learning desde la combinación de las tres perspectivas: la del usuario y el educador, centradas en el aprendizaje, la de diseñadores y programadores, centrada en las tecnologías y herramientas, y la de los gerentes de proyecto, centrada en los resultados organizacionales, la productividad y el retorno de la inversión en una metodología integral, probada a lo largo de 30 años en cientos de proyectos en America Latina, Estados Unidos, Asia y África.

Este es por tanto, un tratado conceptual comprensivo y un manual práctico de consulta y aplicación para quienes participan en el diseño, desarrollo, implementación y evaluación de proyectos de e-learning: gerentes, lideres de proyecto, diseñadores educativos, diseñadores gráficos, autores de contenidos, programadores, instructores y facilitadores online y muy particularmente, usuarios.

El Capítulo 1 presenta los conceptos y modalidades de e-Learning, su evolución histórica, posibilidades y resultados

El Capítulo 2 expone la metodología para plantear el diseño general de un proyecto o programa de e-learning y las herramientas y materiales para desarrollar un plan general de eLearning

El Capitulo 3 introduce las herramientas y métodos para el diseño de detalle de eLearning de autoestudio y colaborativo, con ejemplos y actividades de autoaprendizaje de cada paso.

El Capitulo 4 presenta un panorama comprensivo y actualizado de toda la gama de herramientas y software de produccion de eLearning con instrucciones paso a paso para su autoaprendizaje

El Capitulo 5 introduce nuevas tecnologias Net 2.0 como blogs, wikis, podcasts, videoconferencias, mensajeros instantáneos, aulas y oficinas virtuales, en las que se combinan procesos de aprendizaje con procesos de trabajo colaborativo.

La seccion Referencias incluye un detalle de toda la bibliografia clave de consulta para el especialista y de los enlaces y herramientas tecnológicas de aplicación

La sección Herramientas incluye las herramientas de diseño educativo para las diferentes etapas presentadas en el libro.

Los materiales y herramientas presentados han sido seleccionados entre la investigación del desarrollo histórico de la educacion a distancia desde 1834 hasta 2007[1], el análisis de más de 120 libros y 300 estudios de investigación validada presentados en las referencias y en 29 años de práctica profesional como especialista en eLearning corporativo, docente universitario online, diseñador educativo, lider de proyecto, eTrainer , programador y alumno online.

Las herramientas y metodología aquí presentadas han sido aplicadas y validadas por el autor en más de 300 proyectos de eLearning y educación a distancia para empresas privadas Fortune 500, nuevas empresas, organizaciones gubernamentales y ONGs en Argentina, Chile, Uruguay, España, Portugal, Mexico, Estados Unidos, Canada, Reino Unido y Guinea Ecuatorial.

Los trabajos y ejemplos presentados han sido además validados por más de 145 diseñadores y lideres de proyectos de eLearning formados en los programas online de Diseño y Desarrollo de eLearning y de e-Performance correspondientes a los Masters en Desarrollo y Gestión Organizacional y MBA en incubacion de nuevas organizaciones del Instituto Internacional para la Mejora del Desempeño del Instituto de Tecnologia de Sonora.

Los materiales impresos se complementan con mas de 500 herramientas de desarrollo, bases de conocimientos, cursos, encuestas de autodiagnostico y

---

[1] Fecha de esta primer edición

diagnostico organizacional y ejercicios online que permiten al lector aplicar, desarrollar y probar todos los conceptos presentados.

Las notas de referencia de cada capitulo asi como las referencias al final del libro permiten acceder a un reservorio unico en castellano e ingles que sera actualizado en reediciones anuales.

Esperamos, finalmente, que este libro y sus sucesivas actualizaciones, sirva para introducir entre los profesionales de habla castellana fundamentos rigurosamente validados por la literatura científica y tecnológica internacional y para generar y sostener estándares más altos de calidad, rigor y efectividad que permitan concretar el potencial de esta disciplina y mejorar la competencia, desempeño y calidad de vida de sus usuarios.

INTRODUCCION

Una mañana de abril de 1978, Juan Antonio Serna me introdujo sin querer al mundo del e-learming y a lo que seria mi actividad profesional por los siguientes 29 años de mi vida.

Juan Antonio no era un especialista en computacion, ni en educación a distancia, tecnología educativa o educación programada. Juan Antonio Serna era un director de cine de largo metraje que habia sido contratado por el departamento a mi cargo para desarrollar videos de capacitacion para el Instituto Nacional de la Administracion Pública (INAP) de Argentina en el contexto de un convenio con el Programa de Naciones Unidas para el Desarrollo (PNUD).

Esa mañana, Juan Antonio puso sobre mi escritorio con mucho entusiasmo, una computadora personal Texas Instruments TI-99 4A que acababa de comprar y me pidió que lo ayudase a hacerla funcionar. Todo lo que teniamos era un manual de BASIC, las instrucciones del ordenador, mucha curiosidad y la generosa dosis de tiempo discrecional que el ritmo de la administracion publica y los proyectos internacionales regalan a cambio de honorarios más bien magros.

Juan tenía 52 años de edad —dos menos que yo ahora- y yo esperaba cumplir los 26 en unos meses. Él era un artista bohemio y yo un joven tecnólogo educativo.

Durante los siguientes diez dias, pasé mis tardes y mis noches explorando la programacion en BASIC con un televisor rojo sobre mi largo escritorio de funcionario conectado a los magros 16 K de memoria RAM del TI-99 4 A y un grabador de casette, en el que guardaba en forma de sonido el programa que iba desarrollando.

Al cabo de esos diez dias habiamos desarrollado un primitivo programa interactivo de instrucción programada que enseñaba a usar el ordenador y llamaba a los usuarios por su nombre de pila.

Mi segundo proyecto fue armar una serie de juegos para mi hijo mayor, que se entretenia jugando al "ahorcado" y a la "batalla naval" contra el ordenador, y disfrutaba de los muy primitivos pero interactivos efectos especiales de explosiones, animaciones en pantalla y calculo de puntaje.

Descubrí entonces con sorpresa que el mini computador que usaban mis colegas investigadores de Naciones Unidas para procesar miles de encuestas y que ocupaba una sala completa, tenía sólo 4K de memoria, apenas un 25% de la capacidad de la pequeña TI 99 que yo traia y llevaba bajo el brazo todos los dias.

Un año más tarde, con cuatro ordenadores personales a préstamo de Texas Instruments –que esperaba hacer conocer la tecnología y evaluar el mercado-, organizamos un juego de simulación para administradores de hospital que permitia simular un municipio y probar diferentes estrategias para abatir la mortalidad hospitalaria e infantil asignando diferentes partidas presupuestarias en función de hipótesis que eran validadas (o no) en sucesivos ensayos.

Hacia 1984, ya en Arthur Andersen de Argentina, tuve que escribir una larga justificación para pedir un PC IBM color –sin disco rigido- para el Centro de Desarrollo Gerencial. Hasta ese momento, las PC solo las usaban las secretarias para procesar textos y los auditores para armar planillas de cálculo Visi-Calc y Lotus 1-2-3.

En 1987 lancé mi primera empresa de consultoria en *Computer Based Training* y mejora del desempeño, y durante los siguientes 5 años desarrollamos cientos de proyectos CBT para empresas locales e internacionales. Hacia 1997, comenzamos a usar el Internet –entonces en estado experimental- y un año más tarde, por primera vez los ingresos por programas de eLearning superaron a los presenciales.

Durante el periodo 1999-2000, ya establecido en Chicago, ayudé a crear y organizar varias empresas online dedicadas exclusivamente a la produccion de eLearning en España y America Latina.

Para sobrevivir al desafío de trabajar con decenas de colaboradores europeos y americanos entre dos continentes y siete horas de diferencia horaria, comencé a utilizar personalmente la misma tecnología online que desarrollaba para los clientes.

Mi oficina fisica se fue complementando y luego transformando en una oficina virtual. Los cubiculos y escritorios, en espacios de *Lotus Notes* y *Quick Place*. Las reuniones diarias, en sesiones de *NetMeeting*. Las revisiones y el entrenamiento interno de diseñadores y programadores educativos se fueron trasladando en cada vez mayor proporcion a la misma plataforma de eLearning.

Hacia 2001, nuestro equipo de trabajo tenía más de 200 colaboradores en cinco países que trabajaban más de la mitad de su tiempo en forma virtual. La productividad se duplicó, la satisfacción de los clientes mejoró y todos comenzamos a conciliar el sueño con los sueños. Habiamos pasado sin saberlo, del e-Learning a lo que llamaríamos en 2003 e-Performance.

El escepticismo de la década anterior fue reemplazado por un optimismo igualmente irrealista, que desembocó en inversiones prematuras y la quiebra de quienes apostaron a la tecnología por si misma, sin contar con metodología educativa y contenidos. La explosión de las "dot com", desatando los vientos Schumpeterianos de la "destrucción creativa" despejó rápidamente el mercado de e-Learning de numerosos ingenuos y no pocos especuladores y aventureros.

Las empresas que mantuvieron su foco en el aprendizaje y la mejora medible del desempeño de los usuarios finales y sus organizaciones, no sólo sobrevivieron sino que prosperaron y se consolidaron.

En 2005, la fuerza de trabajo online superó el 25 por ciento del total empleado en Estados Unidos, la matricula online superó los 25 millones de alumnos y el Internet, los 1.000 millones de usuarios. Estamos a las puertas de una segunda revolución: la de la tecnología colaborativa.

Este libro presenta herramientas y conceptos para aplicar ocho factores clave que se desarrollan en teoría y práctica en este libro:

1. e-Learning es sobre aprendizaje y desempeño. Su nombre lo indica: una letra para la tecnologia (e) contra 8 para el metodo y contenido.
2. Producir productos "electronicos", "digitales", "multimedia" o "en el Internet" es mucho más simple –y enteramente distinto-que producir e-Learning
3. e-Learning requiere metodologia educativa *especifica*, diferente de la pedagogia o andragogia presencial y de la del diseño grafico o multimedial.
4. e-Learning requiere centrarse en el *adulto que aprende* y en su *ambito de trabajo*, para darle acceso a *contenidos y herramientas aplicables en el ambito y condiciones reales de trabajo*.
5. La multimedia es lo que hace que un ordenador de 2.000 dolares parezca un televisor de 200.
6. La *programacion es un ingrediente no esencial del e-learning*, y puede ser eliminada por completo en el 99% de los casos.
7. Los programas autores, la tecnologia WYSIWYG y el software colaborativo son las herramientas de produccion del e-Learning efectivo
8. Estamos pasando de la era del e-Learning a la de e-Performance, en la que el aprendizaje esta inserto en las herramientas y métodos de trabajo colaborativo online.

He tratado de escribir el libro que hace 29 años hubiese querido leer, con todos los materiales y herramientas para aplicar estas lecciones, con la esperanza de que los 29 años de experiencia y ejemplos aceleren el proceso a quienes estan hoy, como yo en 1978, descubriendo el futuro.

Capitulo 1

CONCEPTO, APLICACIONES Y MERCADO

Concepto

Definición

Llamaremos en esta obra *e-Learning* o *Electronic Learning* a

> *Todas aquellas <u>metodologias, estrategias o sistemas de aprendizaje</u> que emplean tecnologia digital y/o comunicación mediada por ordenadores para producir, transmitir, distribuir y organizar conocimiento entre individuos, comunidades y organizaciones.*

Dentro de esta definición amplia incluimos varios diferentes tipos y modalidades de electronic learning:

- ❑ Sistemas integrales como plataformas educativas o de trabajo virtual
- ❑ Programas y cursos especificos, colaborativos o de autoinstruccion
- ❑ Objetos de aprendizaje recombinables
- ❑ Ayudas para el desempeño o EPSS
- ❑ Actividades como tests, juegos de simulacion
- ❑ Actividades colaborativas, en las que el aprendizaje se basa en usar la *<u>interaccion entre usuarios</u>* –pares, instructores, tutores- a través comunicaciones mediadas por ordenadores, como videoconferencias, foros o correo electrónico
- ❑ Actividades de autoestudio o autoformacion, en las que el aprendizaje se basa en *<u>interactuar con el ordenador</u>* siguiendo un modelo de instrucción programada

Si bien las primeras "maquinas de enseñar" datan de 1920[2] y los primeros programas de educacion a distancia de 1728[3], el desarrollo de eLearning basado en ordenadores como lo conocemos actualmente comenzó en las universidades americanas en las décadas del 40 –con la introducción de las primeras mainframes como ENIAC[4] y UNIVAC I-.

---

[2] Sidney Pressey de la Universidad de Ohio introduce la primera maquina de enseñar, que incluia instrucción programada y tests. Mas informacion en URL:
http://en.wikipedia.org/wiki/History_of_virtual_learning_environments

[3] Boston Gazette del 20 de Marzo de 1728 contiene un anuncio de Caleb Phillips que lo anuncia como 'profesor del nuevo metodo de caligrafía por correspondencia"

[4] La primera computadora fue ENIAC –Electronic Numerical Integrator and Computer- inaugurada el 16 de febrero de 1946. Mas informacion sobre ENIAC en URL:
http://en.wikipedia.org/wiki/ENIAC

Estas primeras mainframes operaban en base a valvulas de vacío y tarjetas perforadas, pesaban unas 30 toneladas ,requerían más de 20 operadores y cientos de metros cuadrados climatizados, con costos tan elevados que hacia 1943 Tom Watson[5], fundador de IBM, es citado afirmando que *"sólo hay mercado en Estados Unidos para unos cinco computadores".*

Figura 1: ENIAC, la primer computadora (1946)

A un costo de 500,000 dolares de 1943[6] por un ENIAC, sólo las universidades y los gobiernos de Estados Unidos, Reino Unido, Francia y la Unión Soviética tenían al finalizar la Segunda Guerra Mundial los presupuestos de investigación para utilizarlas, y fue por ello que los primeros programas educacionales estuvieron dedicados a entrenar al personal que ingresaba datos.

Además del costo, otro factor que limitaba la adopción de computadoras para educación o capacitación era que las estaciones de usuarios carecían de

---

[5] Si bien se discute que Watson haya formulado esta afirmacion, resulta verosimil para la dimension del mercado y el costo de los ordenadores en la época. Mas información en URL: http://en.wikipedia.org/wiki/Thomas_J._Watson

[6] Unos **5,617.698** dolares de 2005, de acuerdo con las tablas de conversion de la Universidad Estatal de Oregon, URL: http://oregonstate.edu/Dept/pol_sci/fac/sahr/cv2005.xls

memoria RAM propia, actuando como "terminales bobas" del sistema principal, sólo útiles para cargar datos.

Solo la aparicion de las *computadoras personales* como Apple II, Commodore y TI-99 a fines de los años 70 y la adopción de la primer *PC IBM* a partir de 1981 creó las condiciones para que la capacitación asistida por ordenadores o CBT saliera del ámbito experimental y fuese progresivamente adoptada por las empresas como una alternativa económicamente competitiva a los cursos presenciales para la formación en el puesto de trabajo.

Figura 2: Primeras computadoras personales y PC IBM

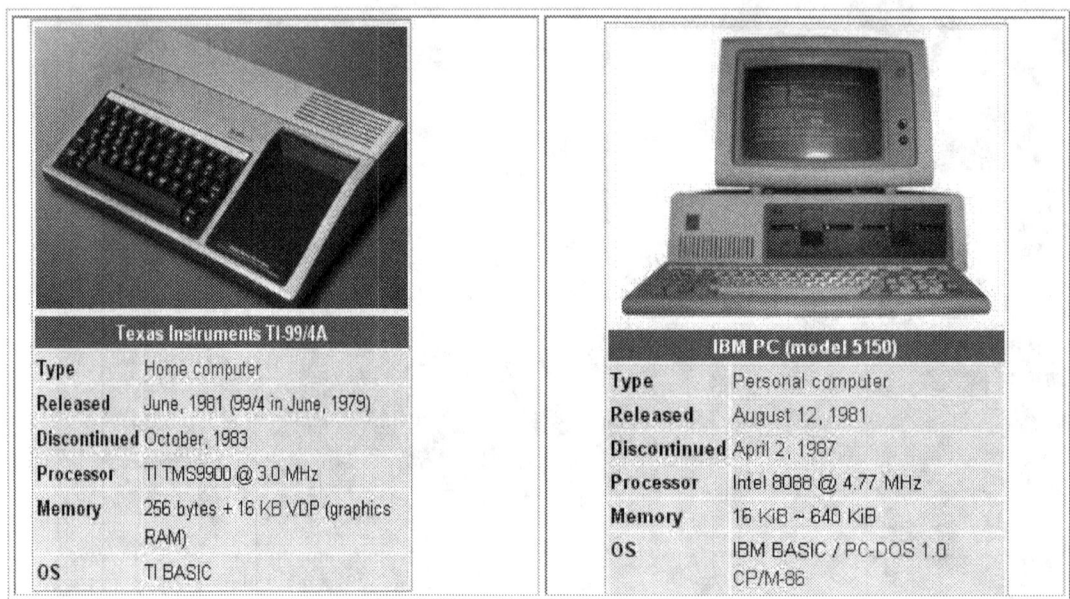

A medida que las nuevas PC fueron reemplazando las maquinas de escribir eléctricas, las calculadoras manuales, las fotocopiadoras y los centros de cómputos –durante la década del 80- y los faxes, teletipos y teléfonos en las década del 90 con el advenimiento de las redes locales y el Internet, el eLearning comenzó a difundirse masivamente como metodo de capacitación en el ambito empresario.

Durante este mismo período, la educación a distancia comenzó también a convertirse en una alternativa cada vez más popular a los estudios nocturnos para formar a adultos en la fuerza de trabajo que no podían ser alumnos de tiempo completo y como alternativa a costosas migraciones y visas de estudio para millones de estudiantes de todo el mundo interesados en acceder a las mejores ofertas educativas.

Las definiciones más aceptadas de educación a distancia (Moore & Kearsley, 1996) coinciden en indicar los siguientes elementos comunes:

1. Separación física o temporal (o ambas) entre educador y educando
2. Comunicación entre educador, educando y contenido mediada por tecnologías (correspondencia, radio, televisión, computadores, redes locales –LAN- o extendidas –WAN-, Internet, Word Wide Web, Wi-Fi)
3. Relación directa entre educando y materiales
4. Relación indirecta, mediada entre educando y educador

Estos son algunos ejemplos de definiciones frecuentes:

❑ California Distance Learning Project: "Educación a Distancia (ED) es un sistema de implementación de servicios educativos que conecta directamente estudiantes con recursos educacionales. ED provee acceso educacional a estudiantes no enrolados en instituciones institucionales y puede aumentar las oportunidades educativas de estudiantes enrolados.La implementación de ED es un proceso que usa los recursos disponibles y evoluciona para incorporar nuevas tecnologías "

■ Distance Education: A Systems View (Michael Moore, director de The American Center for the Study of Distance Education, Penn State): "Educación a Distancia es aprendizaje organizado que normalmente en un espacio diferente del de la enseñanza y como resultado, reqyiere técnicas instruccionales especiales, métodos de comunicación electrónica y por medio de otras tecnologías, así como sistemas especiales de organización y administración". (Moore & Kearsley, 1996)

■ Instructional Telecommunications Council (ITC):
"DE es el proceso de extender el aprendizaje y/o proveer oportunidades de compartir recursos instruccionales desde un aula a otra, a un edificio o lugar remoto, usando video, audio, computadores, comunicaciones multimediales o alguna combinación de todos estos medios con métodos de enseñanza tradicionales."
■ United States Distance Learning Association:
"Educación a Distancia es la adquisición de conocimientos y habilidades a través de formas de acceso a la información en instrucción mediadas por tecnología."
■ Western Cooperative for Educational Telecommunications:
"Educación a Distancia es instrucción que tiene lugar cuando el educador y el educando están separados por distancia o tiempo, o ambos. "

Modalidades

Siguiendo estas definiciones, podemos clasificar las diferentes modalidades de educación a distancia de acuerdo con las variables clave de tiempo y espacio.

Figura 3: Modalidades de educación a distancia

	Simultaneo	Diferido
Mismo lugar	Formación presencial	Estudio dirigido Instrucción programada
Diferente lugar	Formación a distancia sincrónica	Formación a distancia asincrónica

De acuerdo con su carácter *individual* o *participativo*, la educación a distancia suele subclasificarse en:

❑ *De autoestudio*, basada en tecnologías de estudio dirigido o instrucción programada, en las que el estudiante interactúa individualmente con material que sustituye al docente. De acuerdo con Kearsley, (Kearsley, 1984) en el caso del uso de la tecnología informática, la modalidad de autoinstrucción se divide en:
  o *CSLA - Computer Supported Learning Activities*, en las que el ordenador es usado en clase como complemento de la actividad presencial, para simular, evaluar o permitir a los estudiantes explorar información.
  o *CAE - Computer Aided Evaluation*: en esta modalidad, el estudiante es evaluado y recibe feedback sobre su aprendizaje en forma no presencial (online, por medio de redes locales o

CD ROM) por medio del ordenador. Los más comunes programas CAE son los tests online.

- ○ *CAI Computer Asisted Instruction*: en esta modalidad la totalidad de la instrucción, incluyendo presentación de contenidos, ejercitación, evaluación, feedback y práctica se dan a través del ordenador.
- ○ *EPSS Electronic Performance Support Systems (Gery, 1999)*: en esta modalidad, el aprendizaje está estrechamente entrelazado con el sistema de trabajo, dando apoyo al desempeño de tareas y resolución de problemas en el ámbito de trabajo. (Figura 4)

Figura 4 EPSS

- ❏ *Colaborativo:* en esta modalidad, los alumnos interactúan entre sí y con un docente online utilizando la tecnología para comunicarse a distancia. En la modalidad Colaborativa, el rol docente se divide entre profesores desarrolladores, que diseñan el curso y producen los contenidos online y profesores facilitadores, que interactúan con los alumnos. Las universidades online actuales, siguiendo modelos fordistas o postfordistas, cuentan con un cuerpo docente estable dedicado al desarrollo y profesores facilitadores contratados por proyectos para la conducción de sesiones asincrónicas o sincrónicas.

Evolución

Hitos de la historia de la educación a distancia

Los orígenes: educación por correspondencia

La educación a distancia tiene una tradición de más de 150 años, que se remonta a los primeros cursos de gramática por correspondencia desarrollados en Suecia (1833) y de habilidades administrativas básicas desarrollados en Inglaterra por Pitman (1844).

Hacia 1877, el Wesleyan College ya dictaba maestrías y doctorados por correspondencia, preludiando una primer ola de auge de la educación a distancia, en la que, hacia fines del siglo XIX, Universidades de la Ivy League como la Universidad de Chicago conducían programas de grado y postgrado por correspondencia. Hacia 1920, la International Business Schools tenía 2.000.000 de estudiantes matriculados.

La falta de estándares y normativa, unida al escaso desarrollo de métodos específicos para el diseño y aplicación de materiales produjo sin embargo, una pérdida de prestigio de la formación por correspondencia que se tradujo en la cancelación de la mayor parte de los programas de grado por parte de las universidades más prestigiosas. La formación por correspondencia, sin embargo, continúa siendo hoy un medio de educación básica popular con más de 40.000.000 de usuarios en los Estados Unidos.

La segunda ola: sonido e imagen

Siguiendo la evolución de la tecnología de comunicación masiva, la educación a distancia rápidamente adoptó la radio (1920) y la naciente televisión (1930) como nuevos medios.

Hacia 1920, operaban en Estados Unidos 176 estaciones de radio educativa, proveyendo programas a distancia, en los que la emisión unidireccional de la radio iba acompañada por el uso de cuadernillos por correspondencia para proveer el necesario feedback a estudiantes y docentes.

En 1930, las universidades de Iowa, Purdue y el Kansas State college lanzan un programa pionero de televisión educativa experimental, que evolucionaría en la década del 50 hasta incluir cursos de grado por televisión como complemento de la educación presencial y un programa bidireccional de cursos por TV auspiciado por CBS y la Universidad de New York.

Hacia 1960 comienza a utilizarse la televisión satelital para enlazar poblaciones rurales y en la década del 70 Estados Unidos y Canadá lanzan el Appalachian Project, destinado a proveer educación a distancia por televisión a la región del midwest de ambos países.

En 1971 inicia sus programas por radio y televisión la Open University de Londres. Hacia fines de la década del 90, numerosos estados de los Estados Unidos conectan por fibra óptica más de 600 aulas en circuito cerrado bidireccional.

La tercera ola: educación asistida por ordenadores y educación online

Si bien experiencias con maquinas de enseñar no basadas en ordenadores se remontan a 1930 (Skinner[7], Pressey[8]), hacia 1960, Plato[9] se convirtió en el primer sistema de estándares para el uso de ordenadores en la enseñanza. Los equipos originales se basaban en *mainframes*[10] o *minicomputadores*[11] con terminales "bobas"[12] para los estudiantes, y eran utilizados básicamente para evaluación y simulaciones.

---

[7] B.F. Skinner, pionero del condicionamiento operativo. Mas informacion en URL: http://www.expert2business.com/hpt/HPTpioneers.htm#skinner

[8] Sidney Pressey, creador de la primer maquina de enseñar. Mas informacion en URL: http://en.wikipedia.org/wiki/History_of_virtual_learning_environments

[9] Programmed Logic Automated Teaching Operations. Primer estandard educacional y sistema educativo a distancia basado en ordenadores en red. Mas informacion en URL: http://es.wikipedia.org/wiki/Programmed_Logic_Automated_Teaching_Operations

[10] Mas informacion sobre el concepto de mainframe en URL: http://es.wikipedia.org/wiki/Computadora_central

[11] Mas informacion sobre minicomputadores en URL: http://es.wikipedia.org/wiki/Minicomputadora

El advenimiento en la década de 1970 de los ordenadores domésticos (home computer) desarrollados por *Apple* y *Texas Instruments,* los ordenadores personales (PC) introducidos por IBM en 1981 y las interfases gráficas Mac y Windows revolucionaron nuevamente la educación a distancia, al proveer un nuevo medio, más interactivo, que permitía combinar las ventajas de la instrucción programada tradicional con el uso de gráfica, animaciones y sonido.

El campo del llamado *Computer Based Training* (CBT) o *Enseñanza Asistida por Ordenador* (EAO) se convirtió prontamente en una de las áreas de más rápido crecimiento, particularmente en capacitación corporativa, ya que la computerización de los puestos de trabajo proveía nuevas posibilidades de entrenar al personal sin traslados y pérdidas de horas de trabajo en las mismas terminales.

Hacia 1984, los primeros sistemas autores de cursos, como *Authorware*[13] y *Toolbook*[14], redujeron dramáticamente la productividad y costos, permitiendo a los docentes producir integralmente cursos multimedia interactivos. Hacia 1991, con el sistema *Pathware* –adquirido luego por *Lotus* y rebautizado *Learning Space*[15]- surgen los primeros sistemas de gestión de alumnos y contenidos, o *CMI* (Computer Manager Instruction) que luego se convertirían en *LMS* (Learning Management Systems) y *LCMS* (Learning Content Management Systems).

Hacia mediados de la década del 80 surgen los primeros estándares *AICC (Aviation Industry CBT Comité)*[16] y *SCORM (Sharable Content Object Referente Model)*[17] , producidos por el Departamento de Defensa de los Estados Unidos en el marco de un plan destinado a garantizar la interusabilidad de los materiales de educación a distancia en el entrenamiento de las diversas fuerzas armadas a pesar de la vertiginosa evolución técnica de equipamientos y proveedores.

Otro adelanto de pivotal influencia en la evolución de la educación a distancia en esta etapa es el advenimiento de las redes de computación, primero con

---

[12] Sin memoria RAM propia
[13] Mas informacion sobre Authorware en URL:
http://es.wikipedia.org/wiki/Macromedia_Authorware
[14] Mas informacion sobre Toolbook en URL: http://en.wikipedia.org/wiki/ToolBook
[15] Mas informacion sobre Learning Space en URL:
http://www.pugh.co.uk/Products/lotus/learningspace.htm
[16] Mas informacion sobre estandares AICC en el Capitulo 4 (Produccion) de este libro y en URL: http://www.aicc.org/pages/primer.html
[17] Mas informacion sobre estandares SCORM en el Capitulo 4 (Produccion) de este libro y en URL: http://www.digitalthink.com/dtfs/downloads/products_services/wp_standards.pdf

ARPANET en 1959 y luego, decisivamente, con el lanzamiento del *World Wide Web*[18] y el primer buscador (*Mosaic*) por *Tim Berners-Lee*[19] en 1991.

La cuarta ola: e-performance

Con una población online global continuamente creciente que supera los 1.100 millones de personas[20] en 2007 y se proyecta en 1,800 millones para 2010 (Figura 2), en la que más del 60% de la fuerza de trabajo se comunica por email o instant messaging (Figura 3) y en la que se estima que un 20% de la fuerza de trabajo de los Estados Unidos trabaja actualmente online a distancia, desde hogares, oficinas en otros países o fuera de oficinas tradicionales (Figura 4), algunos autores comienzan a hablar de una cuarta ola, la de *e-performance*[21] (Bernárdez, 2003)

Figura 5: Poblacion mundial con acceso a Internet (2007)

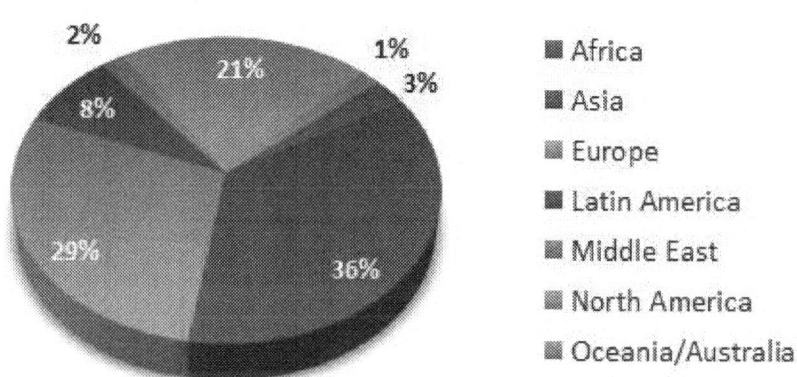

World Internet Users

Copyright © 2007, www.internetworldstats.com

---

[18] Mas informacion sobre la historia del Internet en URL:
http://www.historyoftheinternet.com/chap7.html
[19] Mas informacion sobre Berners-Lee en URL: http://www.w3.org/People/Berners-Lee/
[20] Fuente: Computer Industry Almanac. Se espera 1,800 millones de usuarios de Internet para 2010.Mas informacion en URL: http://www.internetworldstats.com/stats.htm
[21] Mas informacion sobre e-performance en URL:
http://www.expert2business.com/Docs/ePerformance2.htm

Tabla 1: Poblaciön Mundial con acceso a Internet por Region (2007)

WORLD INTERNET USAGE AND POPULATION STATISTICS						
World Regions	Population (2007 Est.)	Population % of World	Internet Usage, Latest Data	% Population (Penetration)	Usage % of World	Usage Growth 2000-2007
Africa	933,448,292	14.2 %	33,334,800	3.6 %	3.0 %	638.4 %
Asia	3,712,527,624	56.5 %	398,709,065	10.7 %	35.8 %	248.8 %
Europe	809,624,686	12.3 %	314,792,225	38.9 %	28.3%	199.5 %
Middle East	193,452,727	2.9 %	19,424,700	10.0 %	1.7 %	491.4 %
North America	334,538,018	5.1 %	233,188,086	69.7 %	20.9%	115.7 %
Latin America/Caribbean	556,606,627	8.5 %	96,386,009	17.3 %	8.7 %	433.4 %
Oceania / Australia	34,468,443	0.5 %	18,439,541	53.5 %	1.7 %	142.0 %
WORLD TOTAL	6,574,666,417	100.0 %	1,114,274,426	16.9 %	100.0 %	208.7 %

NOTES: (1) Internet Usage and World Population Statistics were updated on Mar. 10, 2007. (2) CLICK on each world region for detailed regional information. (3) Demographic (Population) numbers are based on data contained in the world-gazetteer website. (4) Internet usage information comes from data published by Nielsen//NetRatings, by the International Telecommunications Union, by local NICs, and other other reliable sources. (5) For definitions, disclaimer, and navigation help, see the Site Surfing Guide. (6) Information from this site may be cited, giving due credit and establishing an active link back to www.internetworldstats.com. Copyright © 2007, Miniwatts Marketing Group. All rights reserved worldwide.

La Tabla 1 permite apreciar el ritmo de crecimiento del uso del Internet en áreas económicamente en desarrollo, como África y Asia, donde el acceso online está directamente relacionado con la posibilidad de mejora del nivel de vida de poblaciones con ingresos inferiores a 1,500 dolares anuales (BOP[22], Prahalad, 2005) que representan un 70% de la población mundial.

Un telefono digital de bajo costo o un kiosco Internet en una aldea pueden permitir a campesinos vender su cosecha o el fruto de su artesania a precios de mercado, evitando ser manejados por intermediarios.

Figura 6. Población online por idiomas

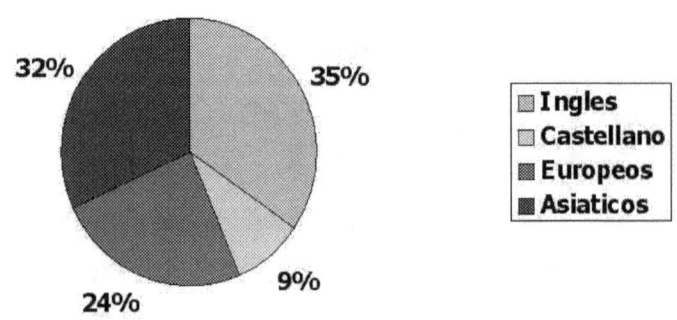

32% 35% 24% 9%

- Ingles
- Castellano
- Europeos
- Asiaticos

- *9% del mercado = 3 billones de dólares (Gartner, 2005)*

Fuente: Global Reach Statistics, URL: http://www.glreach.com/globstats/index.php3

---

[22] Bottom of Pyramid. Mas informacion sobre este concepto en URL: http://en.wikipedia.org/wiki/Bottom_of_the_pyramid

Figura 7: Fuerza de trabajo conectada por email e IM

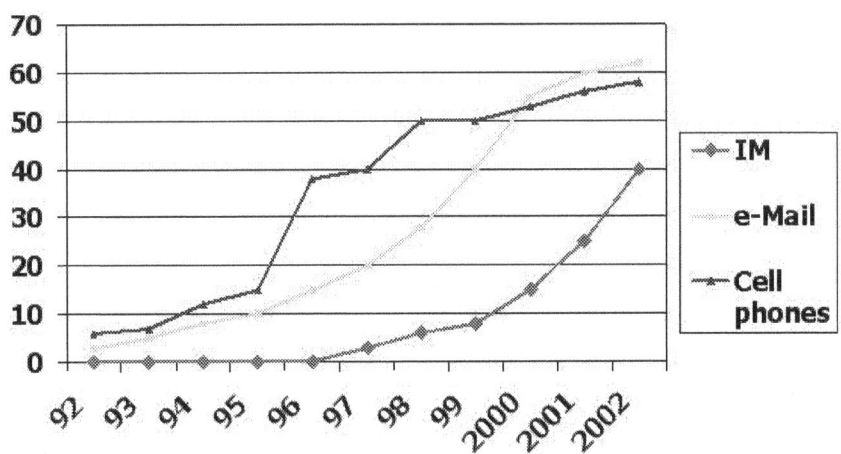

% de la fuerza de trabajo de Estados Unidos que usa IM, eMail y teléfonos celulares para trabajar

Fuente: Wall Street Journal

Figura 8: Fuerza de trabajo online

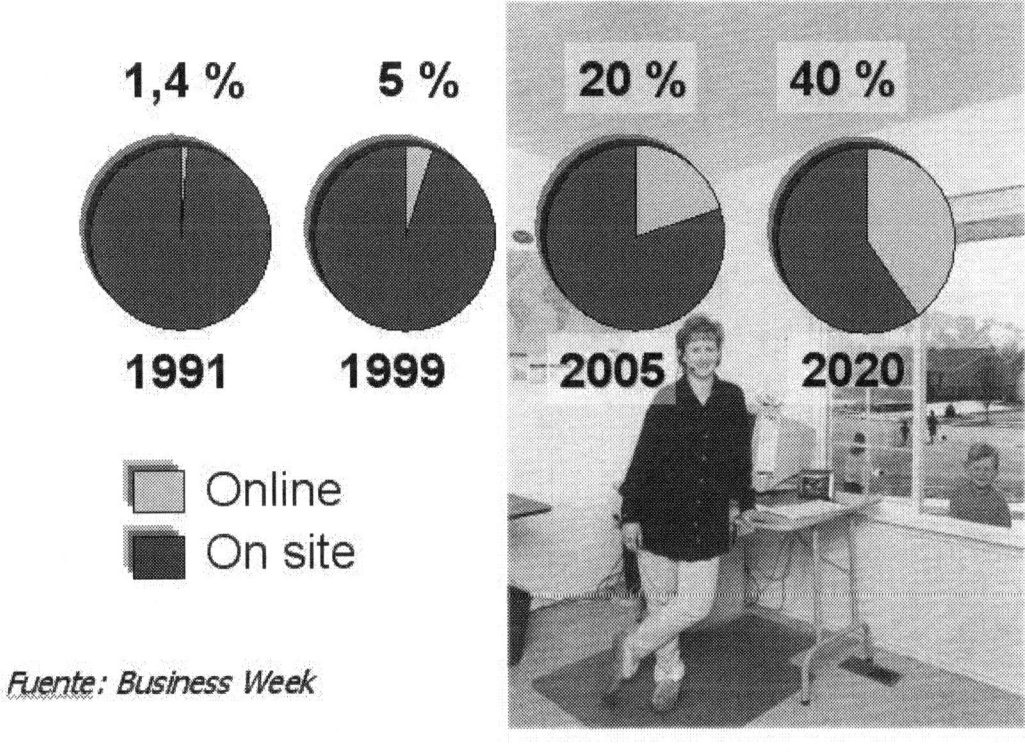

Fuente: Business Week

En esta cuarta ola tecnológica, se habla de la transición de la *tecnología de la información* a la *tecnología de la colaboración*, que involucra utilizar la tecnología online para crear nuevos conocimientos o productos trabajando y aprendiendo a distancia.

En este nuevo contexto, la tecnología online se utiliza para generar espacios de aprendizaje y colaboración que constituyen fábricas de conocimiento virtuales a distancia (*Knowledge factories*[23]).

Utilizando este enfoque, organizaciones localizadas en un país pueden contar con colaboradores y estudiantes participando en diversas regiones del mundo (figura 9)

Compañías como *Dell* en hardware o *IBM* en software han globalizado sus procesos de investigación, producción y distribución utilizando sistemas de trabajo virtual y producción basados en el concepto de e-performance.[24]

Figura 9: Ejemplo de sistema de e-Performance

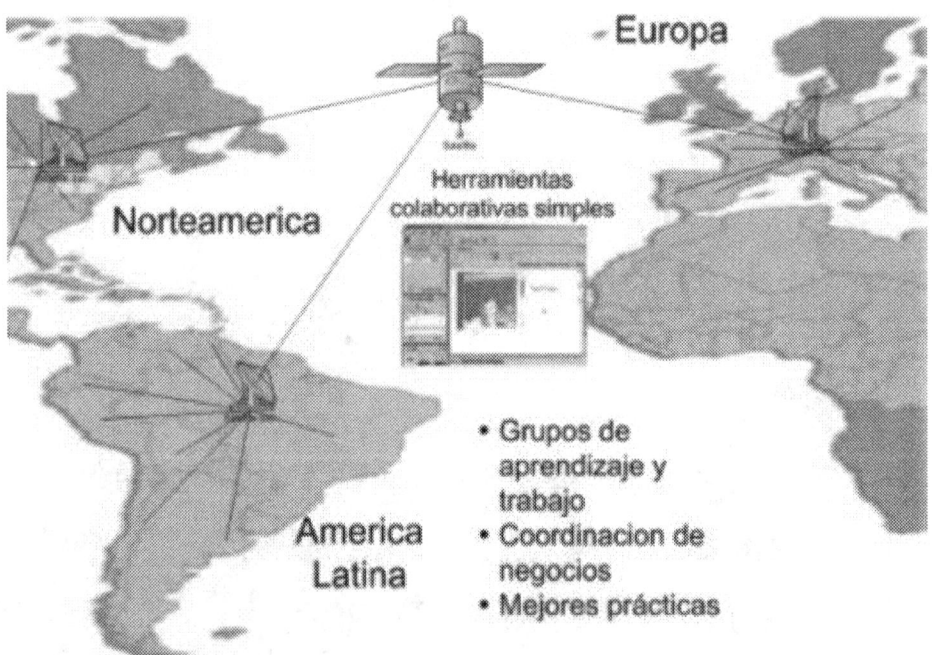

---

[23] Mas informacion sobre el concepto de knowledge factories en URL:
http://www.zyworld.com/lisandro/KFOnline.htm
[24] Mas informacion en articulo de Bernardez, M. (2002) From e-Training to e-Performance: using online learning to work. Educational Technology, URL:
http://www.expert2business.com/Docs/ePerformance2.htm

Documentos y demos:

- ❑ Conceptos y tipos de e-Learning (articulo) , URL: http://www.pignc-ispi.com/articles/cbt-epss/ConceptosELearningE2BMlb.htm
- ❑ Ejemplo de Tutorial interactivo (CAI), URL: http://www.expert2business.com/Robodemo/NMChat.htm
- ❑ Ejemplo de Test online (CAE), URL: http://www.expert2business.com/Quandary/ELR2.htm
- ❑ Ejemplo de Actividad complementaria (CSLA), URL: http://www.expert2business.com/Hot/HPTcross.htm
- ❑ Ejemplo de EPSS , URL: http://www.expert2business.net/UOP/epss.htm
- ❑ Uso del EPSS, URL: http://www.expert2business.net/UOP/epss2.htm
- ❑ Ejemplo de EPSS online para aplicar el modelo de Gagne a cursos online, URL: http://ide.ed.psu.edu/idde/9events.htm

Mercado

El mercado mundial para el desarrollo de e-learning de habla hispana se estima en aproximadamente 72 millones de usuarios de Internet, 34 de ellos residentes en los Estados Unidos (un 75% de origen mexicano) y 12.5 millones de usuarios en México.

■ Dimensión económica (en billones de dólares)

Fuentes	2000	2001	2002	2005	2006	2010
Corona Consulting	-	5.0	-	-	-	50.0
Gartner, 2001	2.1	-	-	33.6	-	-
IDC, January 2003	-	-	6.6	-	23.7	-

- ■ 72 millones de usuarios de habla hispana (Global Reach)
  - ■ 14.5% de penetración
  - ■ 9% del mercado total
  - ■ **3 billones de dólares (2005, Gartner)**
- ■ 43 millones de usuarios en América Latina (2003)
  - ■ 65 % entre México, Argentina y Brasil
  - ■ **12 millones de usuarios en México (2003)**
- ■ 34 millones de usuarios hispano parlantes en USA

Con un mercado global estimado por Gartner en 33.600 millones de dólares para 2005, el segmento de habla hispana representaría unos 3.000 millones de dólares anuales.

México, Brasil, Chile y Argentina se encuentran particularmente bien posicionados en América en términos de sus condiciones para el desarrollo de e-learning, medidas en términos de factores como conectividad (Infraestructura de acceso e Internet, difusión, coste, disponibilidad), capacidad (niveles de alfabetización, tendencias locales en materia de capacitación, contenido y cultura), contenido (calidad de los materiales online) y cultura (prácticas, creencias, actitudes y apoyo institucional al e-learning).

La Tabla 2 muestra un ejemplo de criterios de evaluación de The Economist para Mexico.

Tabla 2: Factores de calificacion como mercado para e-learning -Ejemplo Mexico- (The Economist)

Áreas		Score / 10	Ranking /60
Educación	Uso de OL en el sistema educativo OL skills de los docentes % PBI para educación Oferta de programas universitarios online Acceso urbano y rural al Internet	5.87	28
Industria	Valoración de títulos online para empleo Interés de los empleados	5.26	35
Gobierno	Uso de tecnología online en el gobierno y la administración pública para trabajar y para capacitar empleados. Apoyo de créditos a programas online.	8.20	23
Sociedad	Uso del Internet y tecnología online en la sociedad en general	5.22	31

Fuente: The Economist Intelligence Unit & IBM Corporation 2003. URL: http://graphics.eiu.com/files/ad_pdf/eReady_2003.pdf

Tabla 3: Ranking de América para e-Learning

País	Población con acceso a Internet	Usuarios por cada 10,000 habitantes
1.Estados Unidos	159,000,000	5,513
2.Canadá	16,110,000	5,128
3.Brasil	14,300,000	822
4.México	12,250,000	1,184
5.Argentina	4,100,000	1,120
6.Chile	4,000,000	2,719
7.Perú	2,800,000	1,039

Fuente: International Telecomunication Union. URL: http://www.itu.int/ITU-D/ict/statistics/at_glance/Internet02.pdf

Canada, Brasil, Mexico, Argentina, Chile y Perú constituyen los países con mayor población con acceso a Internet de América Latina.

Documentos y estadísticas de mercado

- ❏ Global Reach, URL: http://www.global-reach.biz/globstats/refs.php3
- ❏ America , URL: http://www.nua.com/surveys/how_many_online/s_america.html
- ❏ Por paises (pdf) , URL: http://www.itu.int/ITU-D/ict/statistics/at_glance/Internet03.pdf
- ❏ Mercado hispano en Estados Unidos , URL: http://www.expert2business.com/Docs/MercadohispanoUSA.htm
- ❏ E-Learning readiness rankings (IBM/Economist)(pdf), URL: http://www-306.ibm.com/services/learning/solutions/pdfs/eiu_e-learning_readiness_rankings.pdf

---

Organización de un sistema de e-learning: LMS y LCMS

Uno de los avances más importantes en el desarrollo de e-learning es la aparición de los sistemas o plataformas de e-learning, que proveen en una misma plataforma con diversos recursos para la interacción, actividades de aprendizaje y presentación de contenidos, y gestión de alumnos.

Un sistema de e-learning está compuesto de (a) un área de instrucción e interacción con los alumnos o ILS (Integrated Learning System), que incluye diversas herramientas para el aprendizaje asincrónico y sincrónico, tales como email, chat, aula virtual, foros de discusión y áreas de presentación y acceso a contenidos y ejercicios, (b) un área de gestión de contenidos o LCMS, que almacena y conecta contenidos en módulos reutilizables y (c) un área de gestión de alumnos o LMS, que lleva registro de la situación de cada estudiante en términos de aprendizaje, participación y revista.

La figura 10 muestra la interacción de los tres subsistemas.

Figura 10:: Sistema de e-learning

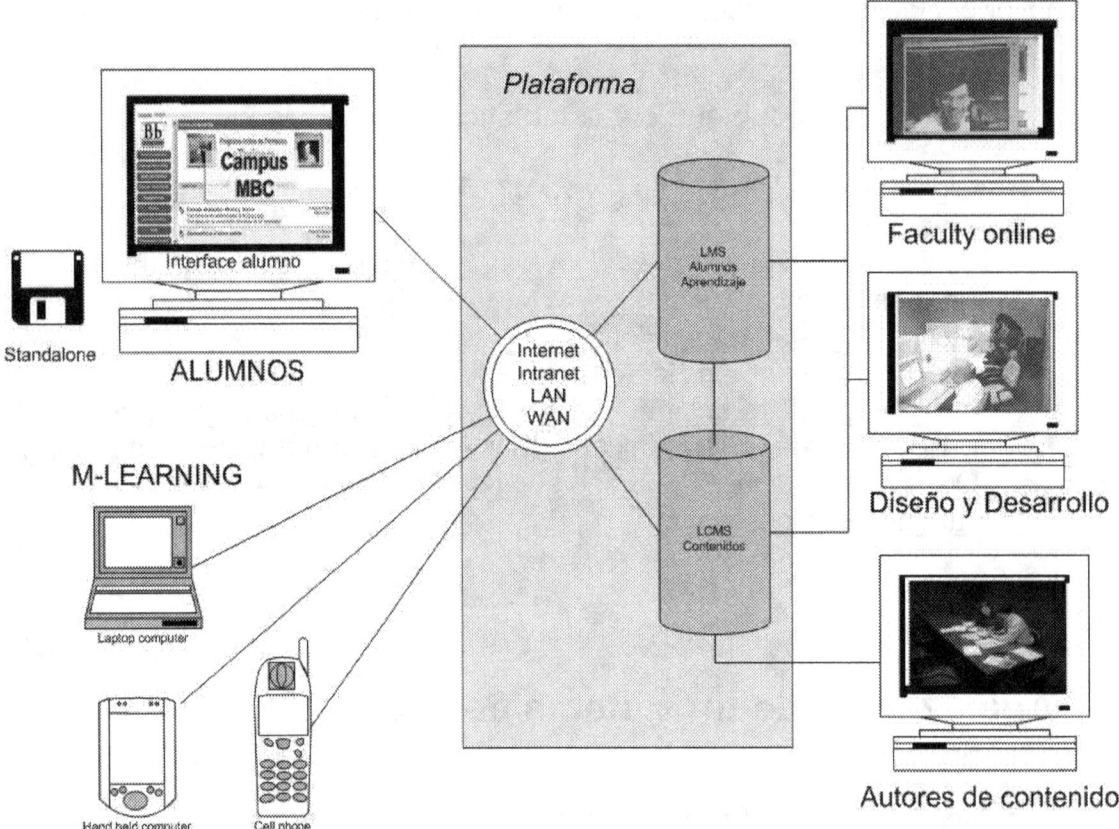

En un sistema de e-performance, se agrega a la gestión de contenidos y la de alumnos, un área de integración de las funciones de aprendizaje, producción y supervisión denominada plataforma de producción, en la que docentes desarrolladores, autores de contenido y programadores colaboran para crear e instalar los cursos online, y al mismo tiempo reciben formación.

La Figura 11 muestra el sistema de e-Performance

Figura 11: Sistema de e-Performance

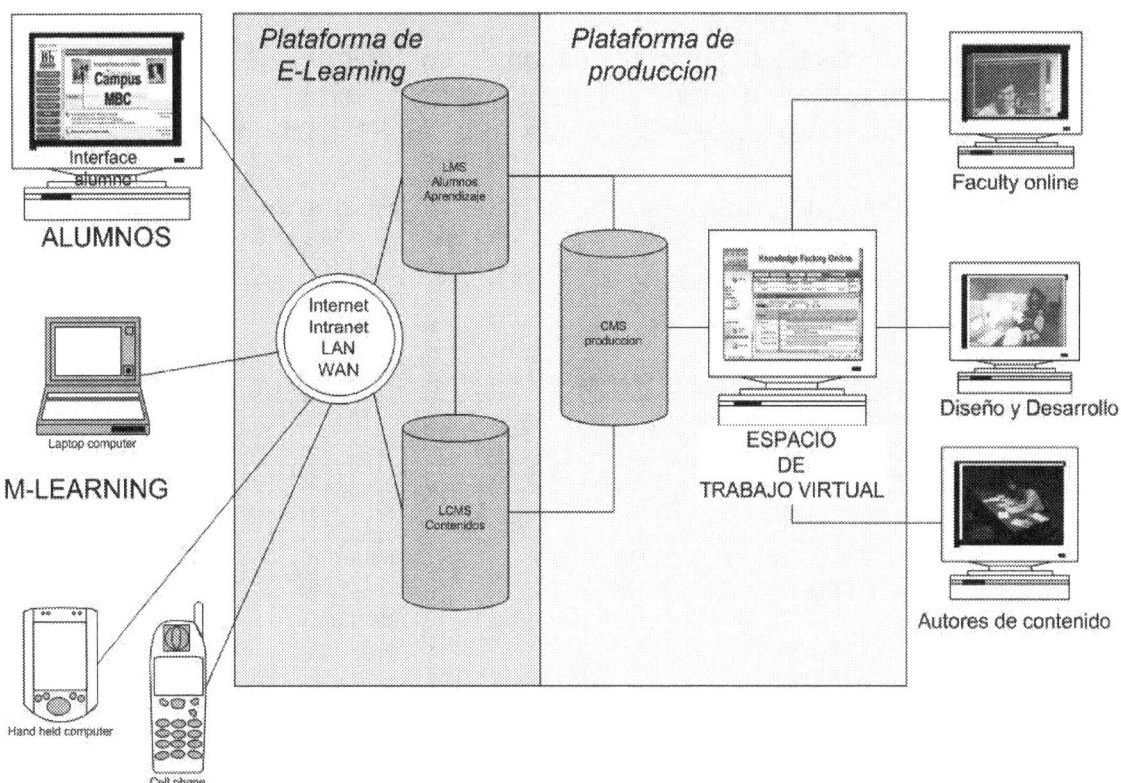

Diferencias entre ILS, LMS y LCMS y Sistemas de e-Performance[25]

Es importante tener en cuenta las siguientes diferencias entre sistemas online:

1. No hace falta una plataforma para crear contenido. Muchos contenidos pueden ser creados en formatos Web universales como HTML o Flash con herramientas autoras básicas o sistemas autores.

2. El ILS es básicamente un sistema de presentación y comunicación con alumnos. Todas las plataformas de e-learning y de e-performance incluyen ILS con diferente variedad de funciones.

---

[25] Para mas informacion sobre diferencias entre LMS y LCMS, ver el articulo clasico de Leonard Greenber,g (2002) LMS, LMCS what is the difference? ASTD Learning Circuits, URL: http://www.learningcircuits.org/2002/dec2002/greenberg.htm

3. El LMS es primordialmente un sistema de gestión de alumnos que cubre medición del aprendizaje, creación de exámenes y altas y bajas.

4. El LCMS es un sistema de gestión de contenidos que permite reutilizar contenidos en diferentes cursos como *objetos de aprendizaje*[26] y medir la utilización de esos contenidos por los alumnos.

5. La plataforma de *e-performance*[27] es un sistema que combina una (o varias) plataformas de e-learning con un área de trabajo virtual y aprendizaje compartido.

Tabla 4: Comparación entre ILS, LMS, LCMS y Sistemas de E-Performance

Factor	ILS	LMS	LCMS	E-Performance
Uso primario	Interacción con alumnos en actividades asincrónicas y sincrónicas	Tracking y gestión de alumnos	Tracking y gestión de contenidos	Integración de producción, gestión y distribución de cursos
Usuarios	Docente facilitador Alumnos	Docente desarrollador Docente facilitador Administrador de cursos Alumnos	Docente desarrollador	Alumnos Programadores Proveedores de contenido Docente desarrollador Docente facilitador Administrador de cursos Lideres de proyecto Clientes institucionales
Gestiona también formación presencial	No	Si	No	Si
Mide	No	Si	Si	Si

---

[26] Mas información sobre Objetos de Aprendizaje en URL:
http://www.eduworks.com/LOTT/tutorial/learningobjects.html
[27] Para profundizar el concepto y ver ejemplos de e-Performance, recomendamos leer el articulo: Bernardez, M. (2003) From e-Training to e-Performance: using online learning to work. *Educational Technology*, URL:
http://www.expert2business.com/Docs/ePerformance2.htm y el white paper Bernardez, M. (2003) De e-Learning a e-Performance: e-Learning para desarrollar y evaluar el desempeño. Casos y ejemplos en América Latina y España, URL:
http://www.expert2business.com/Powerpoint/ExperienciasePerformance_files/frame.htm

resultados				
Agenda eventos	No	Si	No	Si
Evalúa competencias	No	Si	No	Si
Permite a sistemas de RH y ERP compartir datos	No	Si	No	Si
Incluye registración, cancelación y cambios de status del alumno	No	Si	No	Si
Organiza contenidos	Si	Si	Si	Si
Incluye herramientas para crear contenidos	No	No	Si	Si
Permite modificar controles de navegación e interfase de usuario	No	No	Si	Si

Criterios para seleccionar un LMS

Si bien el coste y las características técnicas son importantes, no constituyen la función clave para elegir un LMS. Los factores clave para seleccionar un LMS son mostradas en la Tabla 5:

Tabla 5: Matriz de criterios para comparar LMS:

Factores	LMS A	LMS B
1. Funcionalidad para el alumnos		

(navegación, claridad, sencillez)		
2. Funcionalidad para el docente (navegación, claridad, sencillez)		

3. Funciones ILS que incluye
  a. Asincrónicas
  b. Sincrónicas		

4. Funciones de creación de contenido que incluye		
5. Funciones de creación de evaluaciones que incluye		
6. Funciones de gestión de alumnos y estadísticas que incluye		
7. Sencillez de los procesos de creación de contenidos		
8. Sencillez de los procesos de gestión de alumnos		
9. Confiabilidad en situaciones de carga operativa		
10. Tecnología		
11. Coste inicial		
12. Coste flexible		

Herramientas online como *EduTools*[28] y *Kolabora*[29] proveen informacion y permiten comparar diversos Learning Management Systems.

---

[28] Edutools, URL: http://www.edutools.info/static.jsp?pj=4&page=HOME
[29] Kolabora, URL: http://www.kolabora.com/reviews.htm

Estándares para LMS: AICC, ADL, SCORM

Desde sus inicios como *Computer Based Training* (CBT) o *Enseñanza Asistida por Ordenadores* (EAO) en la década del 70, la posibilidad de intercambiar y reutilizar contenidos entre diferentes cursos, sistemas y plataformas ha generado gran atención y numerosos intentos de desarrollar estándares comunes y generalmente aceptados.

AICC

El primer grupo de estándares es el *AICC*[30], creado en 1989 por el Comité CBT de la Industria Aeronautica de Estados Unidos como un intento de tener un codigo que permitiese intercambiar modulos elaborados con diferentes *sistemas autores*[31] o herramientas para crear cursos de interactivos de autoinstrucción que se ejecutaban en maquinas individuales o en redes de area local o LAN.

La compatibilidad con AICC permite a los autores de cursos reutilizar objetos de aprendizaje o unidades didácticas desarrollados en un curso o con una herramienta, en múltiples otros, reduciendo significativamente los costos de desarrollo.

Hacia 1998, el estándar AICC incorporó normas *Computer-Managed Instruction (CMI)* [32] para tests y evaluaciones que permiten recolectar los datos de aprendizaje de multiples cursos, capturarlos en bases de datos externas –Excel, Access o SQL- e integrarlos en algunos casos con sistemas de personal y de *Planificacion de Recursos Empresariales (ERP)*[33].

Hacia 1999, los estándares AICC comenzaron a integrarse con interfases API[34] que permitian ordenar y organizar el acceso a multiples objetos de aprendizaje de acuerdo con las busquedas o preferencias de cada usuario.

---

[30] AICC: Aviation Industry CBT Comittee, mas informacion en URL:
http://www.aicc.org/pages/aicc_faq.htm
[31] Para una descripcion y aplicaciones de sistemas autores ver el Capitulo 4, Produccion, en el que se describen los diferentes sistemas, se da acceso a versiones gratuitas y se proporciona instrucciones de uso.
[32] Mas informacion sobre CMI en URL: http://www.answers.com/topic/cmi
[33] Mas informacion sobre ERP en URL:
http://es.wikipedia.org/wiki/Planificaci%C3%B3n_de_recursos_empresariales
[34] Para informacion sobre API, ver URL:
http://es.wikipedia.org/wiki/Application_Programming_Interface

ADL

Hacia 1990, el Departamento de Defensa de los Estados Unidos lanzo una iniciativa aún más amplia que el AICC para estandarizar y hacer factible el intercambio de objetos de aprendizaje a través del Internet. El proyecto de estandates *Advanced Distributed Learning o ADL*[35] respondía a la necesidad crítica de hacer factible una inmediata actualizacion del entrenamiento de personal militar para el uso de tecnología naval y aeronáutica.

Los estándares ADL permitieron asegurar que las competencias de los usuarios de equipo bélico estratégico estuvieran permanentemente actualizadas y alineadas con cada cambio. En el ámbito civil, las industrias altamente reguladas como los bancos, aseguradoras y de produccion y distribución de energía siguieran los mismos criterios.

SCORM

SCORM es el acronimo de *Sharable Content Object Reference Model*[36]. Los principales atributos que el estándar SCORM trata de establecer en un LMS son:

- *Accesibilidad*: capacidad de acceder a los componentes de enseñanza a distancia a través del Internet, así como distribuirlos nuevos contenidos a otros LMS. El usuario debe poder detectar todos los objetos de aprendizaje en el sistema que pueden satisfacer sus necesidades. SCORM proporciona informacion al sistema para hacer visibles los objetos de aprendizaje pertinentes en cada busqueda.

  Ej: el usuario hace una busqueda de "estandares de e-Learning" y el sistema le ofrece enlaces a todos los objetos de aprendizaje catalogados en XML como tales que responden ademas a la condicion de "estandares de e-Learning – ejemplos"

- *Adaptabilidad*: capacidad a personalizar la formación en función de las necesidades de las personas y organizaciones. Los usuarios deben poder acceder a objetos de aprendizaje de acuerdo con sus necesidades en forma inmediata, y organizarlos de acuerdo con sus prioridades.

---

[35] Mas informacion sobre ADL en URL: http://www.adlnet.gov/
[36] Mas informacion sobre SCORM en URL: http://es.wikipedia.org/wiki/SCORM

Ejemplo: el estudiante de Maestria que necesita saber configurar su tesis en el formato requerido por la Universidad debe poder acceder a una selección de comandos de Word que solo incluye los requeridos para esa necesidad, simplificando y reduciendo así el tiempo de estudio requerido para el objetivo de esa persona.

- *Durabilidad*: capacidad de resistir a la evolución de la tecnología sin necesitar una reconcepción, una reconfiguración o una reescritura del código.

  Ejemplo: el curso construido con Blackboard 4.0 debe poder funcionar perfectamente con Blackboard 5.0 y 6.0

- *Interoperabilidad*: capacidad de utilizarse en otro emplazamiento y con otro conjunto de herramientas o sobre otra plataforma de componentes de enseñanza desarrolladas dentro de un sitio, con un cierto conjunto de herramientas o sobre una cierta plataforma. Existen numerosos niveles de interoperabilidad.

  Ejemplo: el curso armado en Blackboard debe poder exportarse y usarse en WebCT o Learning Space.

- *Reusabilidad*: flexibilidad que permite integrar componentes de enseñanza dentro de múltiples contextos y aplicaciones.

  Ejemplo: el objeto de aprendizaje que explica el calculo del interes compuesto debe poderse utilizar en un curso de Finanzas, en otro de Contabilidad o para hacer una consulta por FAQ desde un puesto de trabajo en el Banco X.

El componente clave de una arquitectura SCORM es el objeto de aprendizaje. Un objeto de aprendizaje es la minima unidad recombinable que permite adquirir un conocimiento o competencia en forma independiente de todo otro contexto.

Los estandares SCORM permiten al usuario detectar y recombinar el acceso a diferentes objetos de aprendizaje desde una misma pantalla. Para lograr esto, el estandar SCORM requiere que cada objeto de aprendizaje tenga unas marcas o "tags" en lenguaje XML –invisible para el usuario- que hacen que el LMS las detecte y agrupe cuando el usuario combina ciertas otras palabras o atributos graficos –como por ejemplo, clickar en ciertas imagenes-

La Figura 12 ilustra como el LMS organiza y selecciona objetos de aprendizaje de acuerdo con las busquedas del usuario.

Figura 12: Uso de Objetos de Aprendizaje en una busqueda

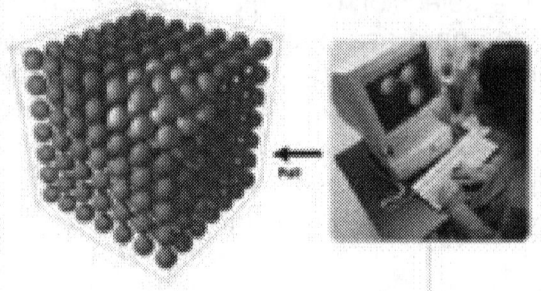

Capitulo 2

DISEÑO GENERAL

Porqué diseñar?

Dada la existencia de sistemas autores de fácil manejo (y que usaremos en este programa) como *Captivate*[37], *MS Presenter*[38], *Hot Potatoe*[39], *Quandary*[40] y de plataformas LMS que permiten crear el curso sin programación como *SAETI2*[41], *Blackboard*[42] o *Mi Curso*[43], sería válido preguntarnos, considerando el tiempo que requiere, si no sería más práctico ir desarrollando el curso en la misma herramienta de producción en lugar de documentarlo previamente, especialmente cuando autor y productor es una misma persona.

La experiencia e investigación en materia de producción de cursos y programas online (Clark & Mayer, 2001[44]; Allen, 2000[45]; Kruse & Keil, 1998[46]) ha demostrado que incluso cuando se trata de un único autor, la documentación previa del diseño presenta los siguientes beneficios:

- ❑ Reducción de tiempo total de desarrollo, por:
  - ○ Eliminación de contenido irrelevante
  - ○ Inclusión de contenido relevante
  - ○ Corrección previa de errores conceptuales, de texto

---

[37] Mas informacion sobre Captivate en URL: http://www.macromedia.com/software/captivate/
[38] Pruebe MS Presenter en URL: http://office.microsoft.com/en-us/assistance/HA010565471033.aspx
[39] Free Trial de Hot Potato en URL: http://office.microsoft.com/en-us/assistance/HA010565471033.aspx
[40] Free Trial de Quandary en URL: http://www.halfbakedsoftware.com/quandary.php
[41] Mas informacion sobre Saeti2 en URL: http://saeti2.itson.mx/
[42] Free Trail de Blackboard en URL: http://www.blackboard.com/
[43] Free Trial de MiCurso en URL: http://micurso.competir.com/es/micurso/profesores/index.asp
[44] Mas informacion en URL: http://www.amazon.com/exec/obidos/tg/detail/-/0787960519/qid=1109974084/sr=8-1/ref=sr_8_xs_ap_i1_xgl14/102-1993109-4760954?v=glance&s=books&n=507846
[45] Mas informacion en URL: http://www.amazon.com/exec/obidos/tg/detail/-/0471203025/qid=1107904421/sr=1-3/ref=sr_1_3/104-4963313-5238330?v=glance&s=books"
[46] mas informacion en URL: http://www.amazon.com/exec/obidos/tg/detail/-/0787946265/qid=1107905089/sr=1-1/ref=sr_1_1/104-4963313-5238330?v=glance&s=books

❏ Reducción de correcciones y retrabajo en la etapa de producción del curso[47]

❏ Posibilidad de desarrollar el contenido subdivido en módulos por diferentes autores trabajando simultáneamente

❏ Mejora de la calidad y claridad del texto, ejercitación, evaluación y ejemplos

❏ Incremento de la consistencia interna y coherencia de componentes críticos del curso, como por ejemplo, la coherencia entre las evaluaciones y el material presentado o entre las mismas y los ejercicios, el grado de dificultad, etc.

❏ Posibilidad de trabajar en equipos con múltiples autores y programadores

❏ Lenguaje común entre autores y programadores (autoestudio) y entre profesores desarrolladores y profesores facilitadores (colaborativo)

La tabla 6 muestra el coste de la falta de diseño en el caso de una compañía española productora de e-learning, analizado por cursos:

Tabla 6: Ejemplo de fallas debidas a falta de diseño

Proyecto	Días programados	Días reales de producción	Desvío en %	Causas
Proyecto 1	226	262	16%	Validaciones del cliente por diseño incompleto Proveedores no siguieron los storyboards
Proyecto 2	10	13	30%	Falta de storyboard detallado provocó retrabajo de producción
Proyecto 3	192	392	104%	Contenidos no validados, modificados Diseño general no completo Storyboard incompleto
Proyecto 4	139	175	26%	Contenidos inadecuados, excesivos Pantallas y animaciones mal definidas, desarrolladas varias veces
Subtotales	567	842	44%	
Coste económico[48]	68040	101140		

---

[47] La experiencia en la industria muestra que el promedio de retrabajo es de 35 a 40% debido a falta de diseño previo. En el caso de uso de multimedia, puede representar hasta el 65 % del presupuesto del curso (Kruse / Keil, 1998)

Concepto y proceso

En la producción de cursos o materiales online, se desarrollan dos niveles de diseño:

1. *Diseño general*: es el diseño que involucra los componentes generales del curso, o su arquitectura: destinatarios, objetivos de aprendizaje general, contenido, estrategias, métodos, tecnología, recursos humanos y tiempo. En la modalidad de autoestudio, el diseño general define la estructura de módulos y la navegación de los mismos. En la modalidad Colaborativa, se expresa en el plan general de curso.

2. *Diseño de detalle*: es el diseño que documenta los materiales y actividades a desarrollar, a nivel de pantallas (autoestudio) y actividades del alumno (colaborativo), constituyendo los "planos" que expresan la "ingeniería" requerida para producir el curso o materiales. En la modalidad de autoestudio, el diseño general se documenta en el *Flujograma del curso* y en el *storyboard* de las pantallas. En la modalidad Colaborativa, el diseño de detalle se documenta en el *Plan de curso* para el docente, el *Syllabus* para el alumno y en el *Plan de Actividades de aprendizaje*.

Entre los muchos modelos de diseño instruccional o ISD, utilizaremos el enfoque desarrollado por *Jerrold Kemp* (1968)[49] por ser el que mejor se adapta a la naturaleza no sólo sistémica sino *iterativa*[50] del proceso de diseño de materiales o cursos online.

La Figura 13 muestra los componentes críticos del diseño que consideraremos durante el proceso y en este documento.

---

[48] En U$S dólares a 15 dólares de costo medio por hora de trabajo.
[49] Mas informacion sobre Kemp en URL:
http://www.personal.psu.edu/faculty/s/j/sjm256/portfolio/kbase/IDD/ISDModels.html#kemp
[50] La mayoría de los modelos de diseño instruccional, como ADDIE o el de Dick & Carey son sistemáticos (cubren todos los elementos) y sistémicos (los relacionan), pero el modelo de Kemp permite volver en forma iterativa sobre cada elemento cuando se avanza en las definiciones de detalle.

Figura 13:: Componentes del proceso de diseño (nivel general)

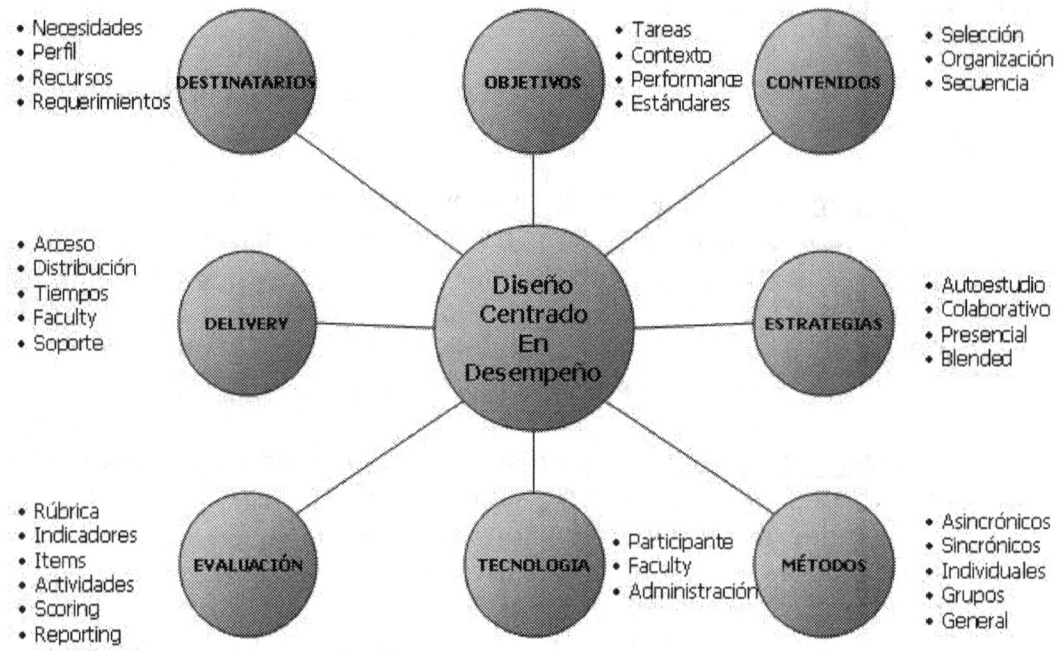

© *Mariano Bernárdez, 1995*

En el proceso de diseño general, se comienza con el análisis de los destinatarios y sus necesidades, se continúa con la definición de objetivos, contenidos, estrategias, métodos, tecnología, evaluación y mecanismos de implementación o delivery.

Pero a medida que el diseñador progresa, debe alinear los componentes entre sí y ajustarlos o redefinirlos en función de los demás. Así por ejemplo, los contenidos se deben correlacionar con objetivos de aprendizaje, y a su vez, con los métodos y tecnologías a emplear. En el proceso de diseño real, como este modelo demuestra, al avanzar en la definición de un elemento, como por ejemplo la tecnología disponible, será preciso revisar y reajustar todos los elementos definidos previamente.

Nuestra *planilla de Diseño General D2*[51] muestra los elementos organizados para ese propósito en la Tabla 7.

---

[51] Descargar Planilla de Diseño General D2 de URL:
http://www.expert2business.com/itson/DisGeneralD2.doc

Tabla 7: Planilla de Diseño General D2

Curso:
Objetivos: _Al terminar el curso, los participantes deberán saber-saber hacer-usar:_

Destinatarios	Objetivos	Contenidos	Estrategia	Métodos	Tecnología

Descargar Planilla D2 de Diseño[52]

Veremos a continuación los criterios para definir cada uno de estos elementos en un curso online.

Destinatarios

El análisis de los destinatarios debe precisar los siguientes elementos críticos:

- ❑ Necesidades, definidas como brechas entre sus capacidades actuales y deseadas en un área o para un propósito determinado
- ❑ Perfil, incluyendo aspectos demográficos y de nivel de ingreso
- ❑ Contexto tecnológico
- ❑ Habilidades, conocimientos y actitudes previas

En el análisis de la audiencia prevista deberá tenerse en cuenta el nivel más bajo de la misma, como un "mínimo común denominador", su nivel de homogeneidad, para determinar niveles y posibles nivelaciones (particularmente críticas en la modalidad de autoestudio) y los requerimientos a plantear para el curso o programa.

---

[52] Descargar Planilla de Diseño D2 de URL:
http://www.expert2business.com/itson/DisGeneralD2.doc

La Tabla 8 muestra la *Planilla de Análisis de Audiencia* para analizar este factor en el diseño general del curso online.

Tabla 8: Análisis de Audiencia

Datos clave	Situación actual *"mínimo común denominador"*	Requerimientos del curso
Demográficos: ❑ Cantidad ❑ Localización ❑ Disponibilidad ❑ Edad media ❑ Nivel de formación ❑ Experiencia y actitud hacia la tecnología		

Tecnológicos
❑ Hardware
  o RAM
  o CD ROM
  o Sonido
  o Impresora
  o Micrófonos
  o Videocámara
❑ Software
  o Sistema operativo
  o Buscador
  o Aplicaciones
❑ Conexión
  o MODEM
  o Broadband
❑ Extras
  o Flash
  o Acrobat
  o Video players		

Habilidades y actitudes ❑ Manejo de PC ❑ Manejo online ❑ Estudio autodirigido		

Dos de los factores críticos para el estudio online son la *capacidad para el estudio autodirigido*[53] (Self-Directed Learning, SDL) y el *grado de preparación tecnológica*[54] para el e-learning del individuo y la organización.

Estudio autodirigido

Diversos autores (Piskurich, 2003; Guglielmino, 1998; Parks, 2001; Moshinskie, 2002; Bernardez, 2002) han documentado la alta correlación positiva entre la capacidad para el estudio autodirigido y la permanencia y resultados en cursos online.

Entre las características SDL más importantes, estos estudios señalan:

- ❑ Locus de control interno
- ❑ Autorregulación
- ❑ Alto coeficiente de respuesta a la adversidad (AQ, Stoltz, 1998)
- ❑ Habilidad para administrar el tiempo
- ❑ Capacidad para manejar asignaciones múltiples
- ❑ Interés por la lectura
- ❑ Interés y habilidad por la exploración
- ❑ Tenacidad, persistencia
- ❑ Capacidad para organizar y organizarse
- ❑ Habilidad para manejarse en un contexto poco estructurado como el Internet
- ❑ Tolerancia al aislamiento

Otras características que pueden incidir negativamente son:

- ❑ Locus de control externo
- ❑ Bajo nivel de autoestima, resistencia a la adversidad
- ❑ Temor o rechazo a la tecnología
- ❑ Hábitos de aprendizaje social
- ❑ Alta necesidad de contacto humano y validación externa
- ❑ Perfeccionismo
- ❑ Autoexigencia excesiva

---

[53] Mas informacion sobre SDL en URL: http://www-distance.syr.edu/sdlhome.html
[54] Test de preparacion tecnologica en URLÑ
http://www.expert2business.com/Quandary/EperformancereadyTech.htm

Aplicacion individual:

1. Identifique:

    a. Su nivel de SDL
    b. Sus áreas de dificultad

Utilizando estos tests online:

❑ Cuestionario de autoevaluación de características para el estudio autodirigido (SDL) -formato para visualizacion- , URL: http://www.expert2business.com/Excel/Cuestionario SDLRS.htm

❑ Cuestionario de autoevaluación de características para el estudio autodirigido (SDL) -formato para download e impresion- . URL: http://www.expert2business.com/Excel/Cuestionario SDL.xls

❑ Test online de capacidad de estudio autodirigido (SDL) , URL: http://www.expert2business.com/Quandary/SDRL3.htm

2. Lectura complementaria

❑ Diversos instrumentos online para autoevaluarse, URL: http://www.mapnp.org/library/prsn_dev/assess.htm

❑ Metodos para desarrollar SDL , URL: http://www.mapnp.org/library/trng_dev/methods/slf_drct.htm

❑ Requerimientos para supervisores de alumnos online , URL: http://www.mapnp.org/library/trng_dev/basics/suprvsr.htm

❑ Requerimientos para alumnos online , URL: http://www.mapnp.org/library/trng_dev/basics/learner.htm

Objetivos

La definición de objetivos en la fase de diseño general debe reunir los siguientes atributos:

1. Expresarse en términos de lo que debe saber, saber hacer o querer hacer el que aprende (no el docente, el curso o la institución)

2. Expresarse en términos de conducta observable directamente. Si el objetivo deseado no es observable directamente, debe usarse una conducta observable que sirva como indicador de ese objetivo.

3. Expresarse como resultado a obtener al finalizar el curso o programa, no como resultado intermedio

Las fórmulas más utilizadas habitualmente son:

❑ Al terminar el (curso, programa, actividad, material), el participante estará en condiciones de:

❑ Al terminar el (curso, programa, actividad, material), el participante será capaz de:

Es importante considerar los niveles de aprendizaje o logro educativo (Gagné, 1968) y seleccionar objetivos adecuados a los mismos. La Tabla 9 muestra una serie de ejemplos de utilidad:

Tabla 9: Guía para formular objetivos

Niveles de Competencia (Gagne)	Habilidades que la demuestran	Conductas observables (ejemplos)
I. Información	▪ Observar y recordar información ▪ Conocimiento de datos, fechas, etc. ▪ Conocimiento de las ideas principales ▪ Recordación de los datos	▪ Lista ▪ Indica ▪ Define ▪ Menciona ▪ Describe ▪ Enumera ▪ Nombra ▪ Marca ▪ Draga
II. Comprensión	▪ Entiende la información ▪ Transfiere a otro contexto ▪ Interpreta, compara y contrasta ▪ Infiere causas y relaciones ▪ Predice consecuencias	▪ Clasifica ▪ Ordena ▪ Relaciona ▪ Conecta ▪ Compara ▪ Aplica
III. Aplicación	▪ Usa información o herramientas ▪ Usa métodos o teorías ▪ Resuelve problemas	▪ Aplica ▪ Demuestra ▪ Resuelve ▪ Completa ▪ Examina ▪ Modifica ▪ Relaciona
IV. Análisis	▪ Detectar patrones o tendencias ▪ Organizar o estructurar ▪ Reconocer conexiones ocultas	▪ Analiza ▪ Separa ▪ Conecta ▪ Organiza ▪ Clasifica ▪ Explica ▪ Infiere

		■ Divide
		■ Compara
		■ Ordena
V. Síntesis	■ Crea nuevas combinaciones ■ Generaliza ■ Conecta conocimientos de diferentes áreas ■ Predice, obtiene conclusiones	■ Combina ■ Integra ■ Modifica ■ Reordena ■ Reorganiza ■ Define" what ifs" ■ Generaliza ■ Reescribe ■ Formula
VI. Evaluación	■ Usa información o herramientas ■ Usa métodos o teorías ■ Resuelve problemas	■ Evalúa ■ Decide ■ Prioriza ■ Califica ■ Prueba ■ Mide ■ Resume ■ Recomienda

Aplicación individual:

1. Lea los siguientes materiales online:

   ❑ Guia para redactar objetivos de aprendizaje. URL: http://www.nwlink.com/~donclark/hrd/templates/objectivetool.html
   ❑ Guia y ejemplos de objetivos,_URL: http://www.mapnp.org/library/trng_dev/lrn_objs.htm
   ❑ Kruse, K. (2000) How to write great learning objectives, URL: http://www.e-learningguru.com/articles/art3_4.htm

2. Practique alineación de objetivos y métodos en este *ejercicio online*, URL: http://www.expert2business.com/Hot/Metodosxobjetivos.htm

Aplicación grupal:

3. Completar los objetivos de su plan general y colocarlo en la Planilla de Plan general (Descargar por URL: http://www.expert2business.com/itson/DisGeneralD2.doc)

Contenidos

La correcta definición de contenidos es uno de los pasos más críticos del proceso de diseño de un curso online. La definición de contenidos supone tres pasos críticos:

1. Selección
2. Agrupamiento
3. Secuencia

La *selección de contenidos* requiere considerar la alineación con los objetivos y el nivel previo del destinatario para eliminar contenido innecesario y asegurarnos de incluir todo el contenido relevante para que un determinado participante logre un determinado objetivo.

El *agrupamiento de contenidos* es la base para determinar los módulos y estructura del curso así como para poder identificar posibles objetos de aprendizaje recombinables y reutilizables (RLO, *Reusable Learning Objects*, Clark, 1999)

La *secuencia de contenidos* es la base para determinar el tipo de navegación del curso, sea ésta una secuencia lineal, un orden aleatorio o unas determinadas ramificaciones (branching)

El *método de pirámide de contenidos* (Bernárdez, 1999) permite resolver los tres pasos críticos trabajando en equipos en la forma siguiente;

Paso 1: Preguntas clave.

Trabajando con un medio o método de visualización grupal (*Metaplan* en reuniones presenciales o *Mind Manager* en el proceso de un grupo online), los participantes parten de los objetivos del curso y se formulan dos preguntas ante cada uno de ellos:

❑ Qué debe hacer-saber hacer el participante para lograrlo? (el objetivo superior)
❑ Para lograr (el nuevo objetivo): qué debe hacer/saber hacer el participante para lograrlo?

De este modo, como lo ilustra la Figura 14 se va construyendo una pirámide o mapa de contenidos.

Figura 14: Pirámide de contenidos

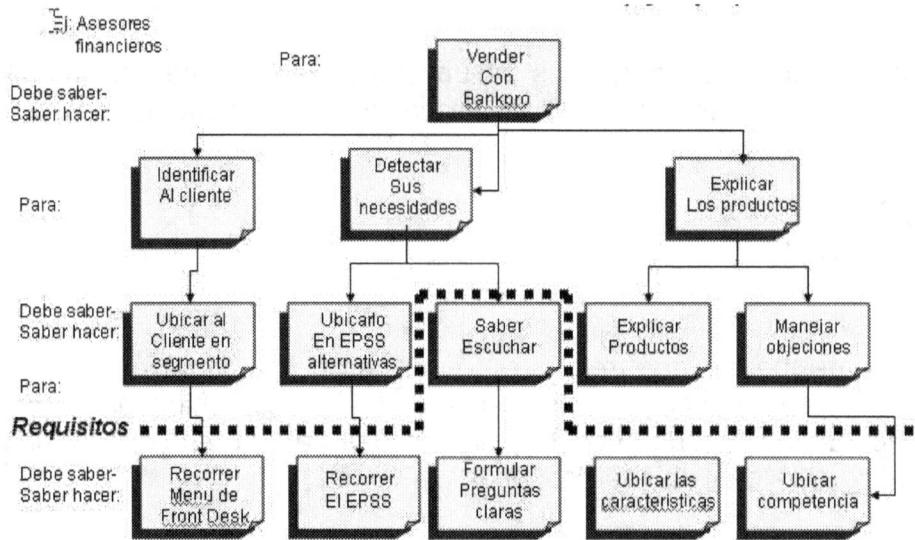

A su vez, leyendo el mapa de abajo hacia arriba, el participante encontrará sentido a sus tareas de aprendizaje al poder responder a la pregunta *"para qué debo saber-saber hacer-hacer esto?"*

Paso 2: agrupamiento

En la Figura 15 vemos cómo este diagrama permite además identificar módulos y en la Figura 16, cómo identifica objetos de aprendizaje genéricos, que podrían servir en otros cursos.

Figura 15: Definición de módulos en el mapa de contenidos

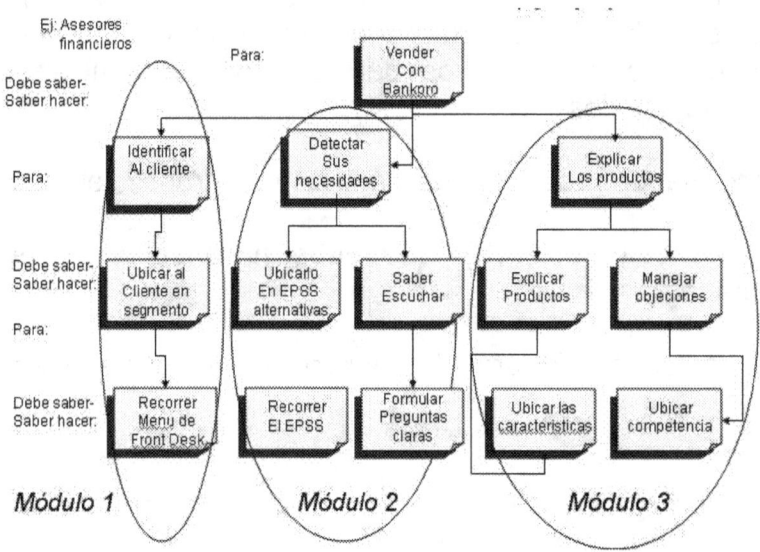

Figura 16: Definición de objetos de aprendizaje genéricos reutilizables

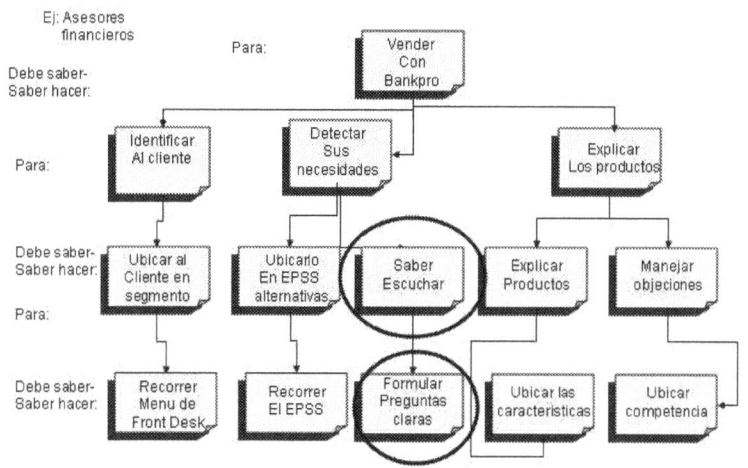

Los equipos de diseño pueden de esta forma definir rápidamente no sólo la estructura de contenidos, sino visualizar la posible navegación y menú del curso usando la técnica de *Metaplan*[55] (Figuras 17 y 18) o *Mind Manager*[56] (Figura 19). Ambas técnicas permiten armar una piramide de contenidos colaborando en un equipo numeroso.

Metaplan permite hacerlo trabajando con pantallas en las cuales se fijan tarjetas con tachas o tipo *Post It*™ siguiendo las preguntas del metodo de piramide de contenidos.

Figura 17: Armado de pirámide de contenido con Metaplan

---

[55] Método alemán de generacion y graficacion simultánea de ideas. Mas informacion en URL: http://www.metaplan.com/05/contact.htm

[56] Software que permite generar, graficar y organizar ideas online en forma sincronica. Free Trial en URL: http://www.mindjet.com/us/download/

A medida que el grupo visualiza los contenidos propuestos, puede agrupar o variar su estructura, prioridad on nivel de detalle sobre la misma pantalla. Las unidades de competencia o los objetos genericos y reutilizables de aprendizaje se pueden identificar y agrupar del mismo modo.

Multiples equipos pueden trabajar en multiples temas con Metaplan, recorriendo los tableros de diferentes cursos o temas desarrollados simultaneamente en una sala amplia, como ilustra la Figura 18.

Figura 18: Sala de Metaplan con multiples equipos simultaneos

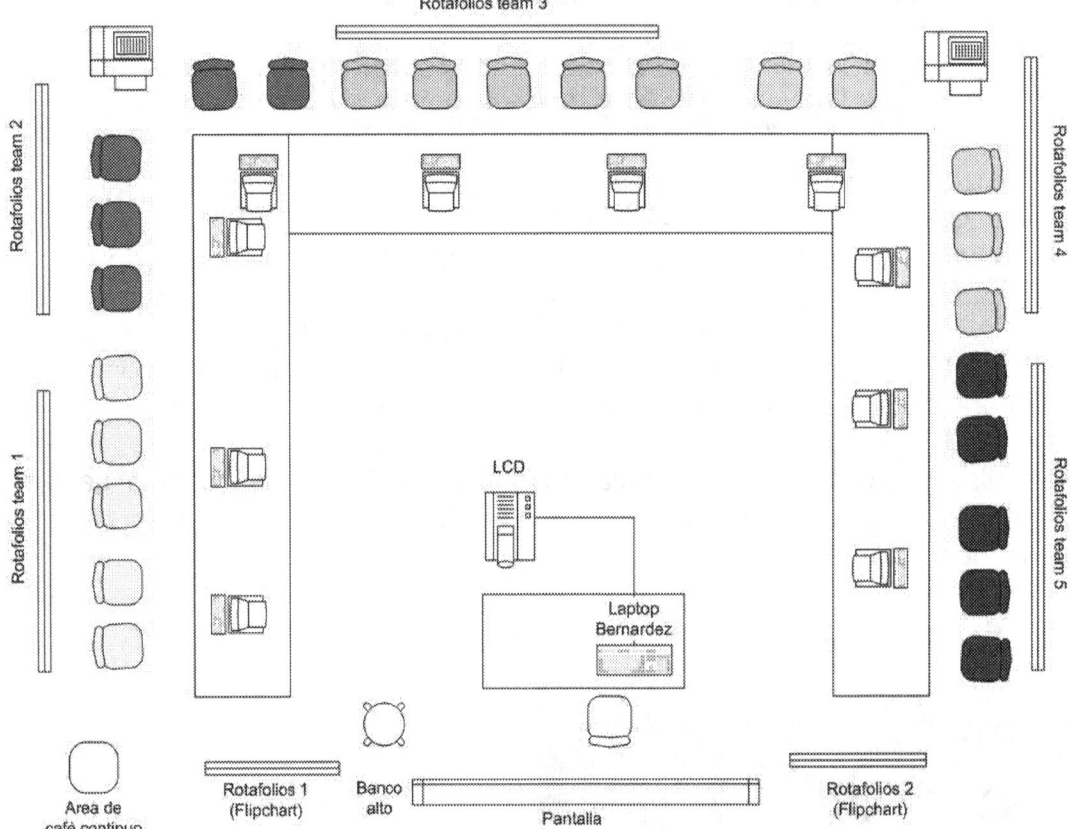

Una vez que se ha llegado a un acuerdo sobre la estructura de los contenidos, se procede a volcar los mismos en slides de Power Point[57].

Mind Manager es una opción equivalente a Metaplan pero para equipos virtuales, que solo pueden conectarse por Internet. En este caso, el coordinador del equipo debe habilitar una pantalla de Mind Manager para que los demas participantes puedan colocar en ellas sus ideas o aportes y regorganizarla.

---

[57] Otra forma de hacerlo es tomar una fotografia digital directamente de cada tablero de Metaplan

Se puede trabajar Mind Manager en forma sincronica –donde los participantes se conectan al mismo tiempo- o hacerlo en forma asincronica – donde van revisando en forma diferida y colocando sucesivas versiones en el Mind Manager.

En nuestra experiencia, conviene comenzar las primeras sesiones de piramide de contenido en forma sincronica, para luego evolucionar hacia la forma asincronica.

La modalidad sincrónica, sin embargo, puede ser no aconsejable cuando los miembros del equipo no disponen de ancho de banda como para interactuar con voz en la pantalla compartida o cuando existen "firewalls" o barreras para el trabajo sincronico para algunos de los miembros.

Figura 19: Armado de pirámide de contenido con Mind Manager

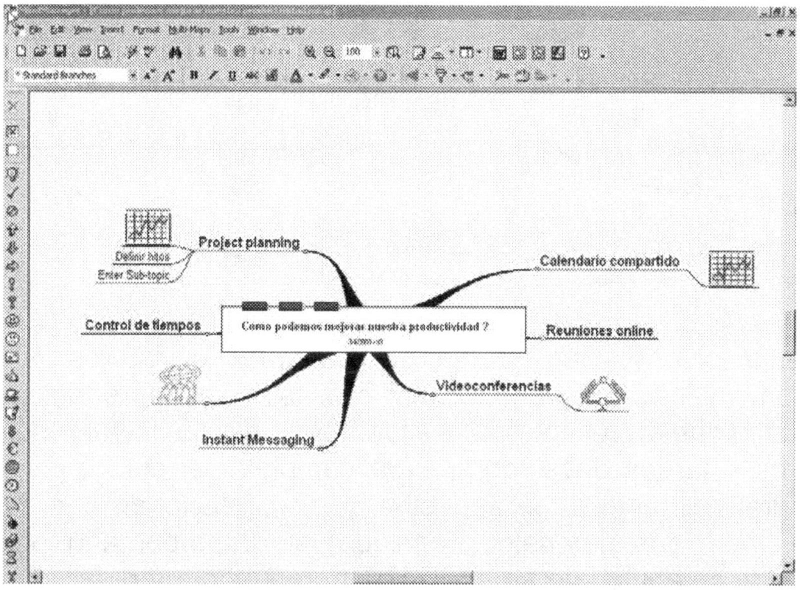

El uso de la pirámide de contenidos con cualquiera de ambas técnicas permite varios beneficios adicionales, tales como:

- Integrar constructivamente todos los puntos de vista
- Acelerar la validacion
- Integrar diferentes expertos que pudieran ser "territoriales" acerca de su know-how
- Validar en forma inmediata o muy acelerada los contenidos *antes* de proceder a desarrollar.

❏ Generar un ambiente de creatividad y camaraderia –todos trabajan en un material común, todas las cartas y datos están 'sobre la pantalla".

Secuencia de los contenidos

Un último paso en la organización de los contenidos, es la definición de la *secuencia* en la que se deben presentar. Además de la secuencia lógica –de lo general a lo particular- y didáctica, que puede ser inductiva o deductiva, el *diseño de detalle* puede requerir presentar los temas en las pantallas siguiendo el llamado orden de interés psicológico[58] (Bernárdez, 1999, 2003) como se describe en la Figura 20.

Figura 20: Orden de interés psicológico

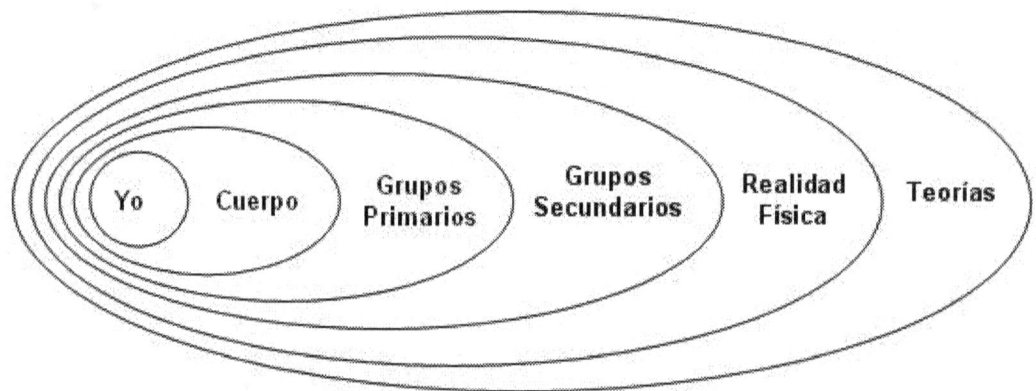

De acuerdo con este criterio, para captar y mantener el interés del participante, es conveniente secuenciar el proceso de aprendizaje comenzando por aquello que se refiere a la realidad personal del mismo (por ejemplo, qué objetivos y tareas debe lograr para completar el curso) para luego ir refiriéndolo gradualmente a los aspectos que se relacionan con su realidad física (por ejemplo, sus materiales, conexión), su grupo primario (por ejemplo, los objetivos de su equipo de aprendizaje), para luego referirse a los grupos secundarios (por ejemplo, su profesión o carrera futura), y finalmente introducir abstracciones o teorías a estudiar.

Durante un proceso de aprendizaje autodirigido como el que requiere la educación a distancia, el participante mantiene su interés y organiza mejor su tiempo si tiene claramente alineado el contenido con sus intereses y prioridades personales.

---

[58] Bernardez, M. (1999, 2003)The Galaxy of the common person. Finding ways to gain and keep adult learner's attention. PIGNC, *URL: http://www.pignc-ispi.com/articles/training/Galaxy.htm*

Aplicación individual:

1. Material de lectura complementaria:
   - ❑ Conceptos y ejemplos sobre diseño de learning objects (database) , URL: http://www.learning-objects.net/modules.php?name=Topics
   - ❑ Ejemplo de curso construido con LO , URL: http://www.jpl.nasa.gov/multimedia/solar-system-experience/
   - ❑ Gaines & Shaw (2003) Mapas conceptuales como estructura de contenido en hypermedia.University of Alberta, URL: http://ksi.cpsc.ucalgary.ca/articles/ConceptMaps/

Aplicación grupal:

2. Desarrolle los contenidos de su plan general en base a Metaplan o MindManager usando la *planilla de diseño general.*, URL: http://www.expert2business.com/itson/DisGeneralD2.doc

Estrategias

En el proceso de diseño general debe definirse el tipo de estrategia para cada parte del curso general.

Las estrategias pueden agruparse en tres tipos:

1. *Autoestudio*, en el que el curso o material debe tener la estructura de instrucción programada, guiando al alumno en un proceso de autoestudio individual.
2. *Colaborativo*; en el que debe diseñarse actividades para alumnos, grupos y profesores facilitadores que interactuarán online en forma asincrónica o sincrónica.
3. *Blended*: estrategia en la que el programa online agrega elementos presenciales.

La Tabla 10 muestra un ejemplo de diseño de un curso de management combinando estrategias de autoestudio, colaborativas y blended.

Tabla 10: Combinación de estrategias

Estrategias	Preparación	Formación etapa 1	Seguimiento	Formación etapa 2	Evaluación
Autoestudio	❑ Lectura ❑ Links ❑ Materiales ❑ Pre Tests	❑ CSLA: ❑ Ejercicios ❑ Juegos ❑ Test en sala ❑ Web search	❑ Lectura ❑ Links ❑ Materiales ❑ Post Tests ❑ Benchmarking	❑ CSLA: ❑ Ejercicios ❑ Juegos ❑ Test en sala ❑ Web search	❑ EPSS ❑ Guia online ❑ Feed Back ❑ Branching ❑ Scoring ❑ Automatico ❑ CMI
Colaborativo	❑ "iLearning" ❑ Profiles ❑ Plan y Metas ❑ Personales ❑ Expectativas	❑ Grupos de Diagnóstico ❑ Scoring ❑ Test Grupales ❑ Input Externo	❑ Networking ❑ Grupos de Estudio ❑ Foros ❑ Chats ❑ Mentoring ❑ Coaching	❑ Benchmarking ❑ Grupos de Mejora ❑ Work Out online ❑ MBO online	❑ Feed Back ❑ 90 to 360 ❑ Nominal ❑ Groups online
Blended	❑ Entrevistas ❑ Con coach	❑ Workshop 1 ❑ Plan de Accion	❑ Coach ❑ On site meetings	❑ Workshop 1 ❑ Plan de Accion	❑ Coach ❑ On site meetings

Métodos

Los métodos de enseñanza online pueden clasificarse en dos grandes grupos: métodos asincrónicos y métodos sincrónicos.

Los *métodos asincrónicos* permiten mayor flexibilidad al estudiante en el manejo de su tiempo, permitiendo un enfoque más racional, en profundidad de los contenidos y la participación. Los métodos asincrónicos, por permitir una respuesta diferida, permiten un diálogo más crítico y racional, con mayores posibilidades de análisis objetivo, fortaleciendo el pensamiento crítico y aprovechando las extraordinarias capacidades del World Wide Web y el Internet como repositorios universales de conocimientos y comunidades globales de aprendizaje.

Los *métodos sincrónicos*, por su parte, sirven para responder a la necesidad de interacción afectiva y emocional, de espontaneidad y de apoyo espiritual que experimentan los estudiantes virtuales. La interacción en un mismo tiempo, con respuestas inmediatas, permite expresar la parte afectiva, emocional, así como el pensamiento creativo y sintético.

La lectura de los dos parágrafos anteriores habrá servido también para notar las limitaciones y posibles riesgos de ambos tipos de métodos. Los métodos asincrónicos pueden ser fríos, demandar mucho tiempo y un alto grado de autodisciplina y control de la ansiedad. Los métodos sincrónicos pueden ser tecnológicamente frágiles (imaginemos un estudiante que pierde su conexión en mitad de la clase, o, si queremos hacerlo más dramático, imaginémonos como docentes en esa situación), efímeros en términos de mantener la atención del alumno y requieren un alto grado de preparación para evitar la desorganización y a veces el caos de personas que tratan de comunicarse con canales limitados.

Un adecuado balance de ambos métodos es una de las claves del adecuado diseño general.

Las Tablas 11 y 12 muestran la relación entre objetivos, ejemplos y tecnologías que pueden usarse en cada tipo de métodos, para ayudar al diseñador de un curso online a seleccionar las metodologías.

Tabla 11: Métodos Asincrónicos

Objetivos - Beneficios	Ejemplos	Tecnología
■ Productividad ■ Superar time zones ■ Preparación ■ Intercambio ■ Sistematización ■ Flexibilidad ■ Reducción de costes ■ Maximizar amplitud ■ Investigación ■ Estudio independiente ■ Desarrollo de habilidades individuales ■ Desarrollo de pensamiento crítico e independiente ■ Manejo de temas polémicos, múltiples perspectivas ■ Estudio en profundidad	1. Email 2. Lectura 3. Investigación 4. Field trips online 5. Presentaciones Web 6. Papers 7. Discusiones y debates 8. Proyectos online 9. Presentaciones online (docente, participantes) 10. e-Learning de Autoestudio 11. Encuestas online 12. Trabajo de campo 13. Ejercicios, simulaciones, juegos 14. FAQs 15. Tutoriales 16. Autoevaluaciones	1. Email newsgroups 2. Base de lecturas, articulos, links 3. Buscadores, DB, encuestas 4. Video, simuladores, animaciones 5. Herramientas de presentación 6. Templates, Manuales de estilo 7. Discusiones grupales 8. Project workspaces 9. Presentaciones online (docente, participantes) 10. CAI, CSLA, CAE 11. Generadores-procesadores

		de encuestas
		12. Multimedia, herramientas de presentación
		13. Generadores de juegos
		14. Generadores de FAQs
		15. CAI
		16. CSLA

Tabla 12: Métodos Sincrónicos

Objetivos - Beneficios	Ejemplos	Tecnología
■ Estimular participación ■ Alta interacción ■ Estimular creatividad ■ Desarrollar vínculos ■ Desarrollar equipos ■ Tomar decisiones ■ Relaciones interpersonales ■ Coaching	1. Clase virtual (docente, alumnos) 2. Reuniones de trabajo 3. Audio conferencia 4. Video conferencia 5. Discusión sincrónica 6. Diálogo sincrónico 7. Encuesta, rating 8. Online brainstorm 9. Coaching online 10. Práctica guiada 11. Juegos	1. Chat, Whiteboard, Aula Virtual VOIP 2. Espacios de proyecto, meeting rooms 3. VOIP, PC to PC, PC to phone, conference call 4. Desktop, set top 5. Chat room 6. Instant messaging 7. Online polling y ranking 8. Mind Mapping software 9. IM, chat, espacios de proyecto 10. Application sharing 11. Variados

Aplicacion individual:

1. Identifique tres métodos adecuados para lograr este objetivo:

Objetivo *Al terminar el módulo, los participantes estarán en condiciones de:*	Método/s seleccionado/s	Fundamentación
Identificar ventajas y limitaciones de los diferentes tipos de e-learning		

Aplicación grupal:

2. Complete la sección de estrategias y métodos de su plan general en base a Metaplan o MindManager y vuelquelo en la planilla de diseño general (URL: http://www.expert2business.com/itson/DisGeneralD2.doc)

Tecnología

En la etapa de diseño general, el diseñador educativo debe identificar las principales tecnologías que utilizará para (a) implementar el curso online y (b) producirlo.

Un primer criterio para seleccionar la tecnología de implementación es el de analizar la relación de los estudiantes potenciales con la tecnología. La Figura 21 muestra la gama de respuestas a la tecnología de diferentes tipos de usuarios:

Figura 21: Relación con la tecnología

La Figura 22 muestra la distribución normal que caracteriza la curva de adopción de tecnología de Moore (1998)[59], considerada habitualmente como un patrón para planificar el cambio tecnológico.

Figura 22: Curva de adopción de la tecnología (Moore, 1998)

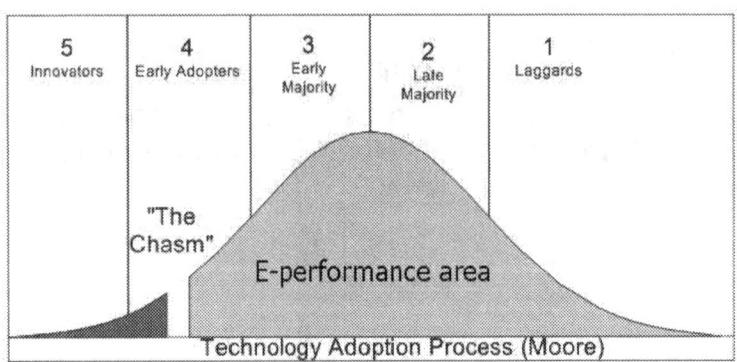

El profesor desarrollador debe considerar la actitud y aptitud tecnológica de los destinatarios potenciales en la etapa de diagnóstico para poder determinar el tipo de tecnología más efectivo.

El profesor facilitador a cargo de un curso online puede (y debería) sondear el tipo de relación con la tecnología de su grupo de alumnos online por medio de encuestas online, foros o email para graduar las actividades e identificar necesidades de Coaching y soporte técnico.

---

[59] Moore, M. (1998) *Crossing the chasm*. URL:
http://www.amazon.com/exec/obidos/tg/detail/-/0060517123/qid=1109972416/sr=8-1/ref=pd_bbs_1/102-1993109-4760954?v=glance&s=books&n=507846

Mapa de la tecnología

> *"La función define la forma[60]"*
> Louis L. Sullivan
> Arquitecto
> 1896

La mejor forma de seleccionar tecnología es no comenzar por ella. Uno de los más comunes errores de los desarrolladores novicios es el de adquirir una plataforma o herramienta antes de definir su diseño, y aferrarse a ella contra "viento y marea". Otras veces la organización se embarca en la compra o desarrollo de una "plataforma" antes de definir planes específicos de cursos.

Hay en la actualidad aproximadamente 68 sistemas LMS o plataformas en uso[61], y varios cientos de herramientas autoras equivalentes, que veremos en detalle en el Capitulo 4 (Producción). La primera regla para definir la tecnología es *comenzar por identificar las funciones* que requeriremos en función de los objetivos, destinatarios y contenidos que queremos tratar, e ir de ellas a las funciones técnicas y finalmente el software.

Hemos desarrollado la herramienta de mapa de tecnología de la Figura 23 pata ayudar a considerer que para cada función hay múltiples herramientas, con precios que van de los cientos de miles de dólares a freeware o aplicaciones incluídas en sistemas operativos (como NetMeeting en Windows) o paquetes de oficina (como PowerPoint en Office).

Al usar el Mapa de "afuera" –necesidades y funciones para el usuario- hacia "dentro" –tecnologïa y herramientas del desarrollador-, enfatizamos un criterio de diseño funcional orientado al usuario en lugar de al producto o la tecnología.

---

[60] Mas informacion sobre la aplicación de este criterio del famoso arquitecto Louis Sullivan en URL: http://en.wikipedia.org/wiki/Form_follows_function

[61] Mas informacion sobre LMS en uso, en URL: http://www.edutools.info/course/productinfo/

Figura 23: Mapa de tecnología

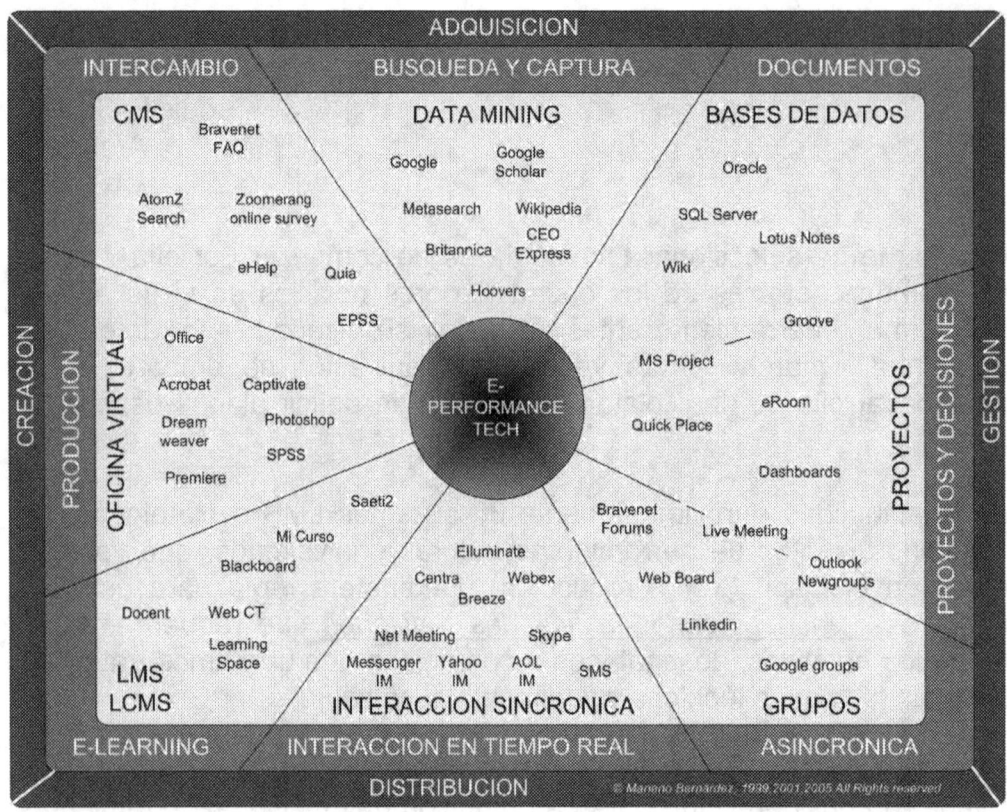

La Tablas 13 y 14 (Bernárdez, 2002) nos permitirán seleccionar y explorar tecnologías asincrónicas y sincrónicas para nuestros proyectos.

Tabla 13: Tecnología Asincrónica

Métodos	Tecnología	Herramientas
1. Email 2. Lectura 3. Investigación 4. Field trips online 5. Presentaciones Web 6. Papers	1. Email newsgroups 2. Base de lecturas, articulos, links 3. Buscadores, DB, encuestas 4. Video, simuladores, animaciones	1. *Outlook Express[62], Smart Groups[63]* 2. *ILS[64], CMS[65], DBs[66]* 3. *Metasearch[67], ILS, CMS*

---

[62] Outlook Express, URL: http://www.actden.com/oe/
[63] Smart Groups, URL: http://www.smartgroups.com/
[64] ILS, URL: http://www.free-ed.net/catalog/Default.asp
[65] CMS, URL: http://www.clueful.com.au/cgi-bin/cmsdirectory/browse/Products:Free systems
[66] DB, URL: http://www.docnmail.com/
[67] Metasearch, URL:
http://www.lib.berkeley.edu/TeachingLib/Guides/Internet/MetaSearch.html

7. Discusiones y debates	5. Herramientas de presentación	4. MS Presenter[68], MS Producer[69], Captivate[70]
8. Proyectos online	6. Templates, Manuales de estilo	5. PowerPoint[71], Camtasia[72], MS Producer,
9. Presentaciones online (docente, participantes)	7. Discusiones grupales	6. Style Ease (APA)[73]
10. e-Learning de Autoestudio	8. Project workspaces	7. Arborwood[74], Blackboard[75]
11. Encuestas online	9. Presentaciones online (docente, participantes)	8. Groove[76], eRoom[77], Lotus QuickPlace[78], Blackboard
1. Trabajo de campo	10. CAI, CSLA, CAE	9. MS Presenter, MS Producer, Real Presenter[79], Camtasia
1. Ejercicios, simulaciones, juegos	11. Generadores-procesadores de encuestas	10. Authorware[80], Captivate, Hot Potatoe[81]
1. FAQs	12. Multimedia, herramientas de presentación	11. Zoomerang[82], SPSS[83], Excel StatPack[84]
2. Tutoriales	13. Generadores de juegos	12. MS Presenter, MS Producer, Captivate
3. Autoevaluaciones	14. Generadores de FAQs	
	15. CAI	
	16. CSLA	

[68] MS Presenter, URL: http://office.microsoft.com/en-us/assistance/HA010565471033.aspx
[69] MS Producer, URL: http://www.microsoft.com/windows/windowsmedia/technologies/producer.aspx
[70] Captivate, URL: http://www.macromedia.com/software/captivate/
[71] Power Point, URL: http://www.fgcu.edu/support/office2000/ppt/
[72] Camtasia, URL: http://www.techsmith.com/products/studio/default.asp
[73] Style Ease APA, URL: http://www.styleease.com/
[74] Arborwood, URL: http://www.arborwood.com/index_high_res.html
[75] Blackboard, URL: http://coursesites.blackboard.com/
[76] Groover Networks, URL: http://www.groove.net/home/index.cfm
[77] eRoom, URL: http://svm.eroomhosting.com/
[78] Lotus QuickPlace, URL: http://www.lotus.com/products/product3.nsf/wdocs/ltwhome
[79] Real Presenter, URL: http://www.coseti.org/realpres.htm
[80] Authorware, URL: http://webdesign.about.com/cs/elearning/a/aa_authorware7.htm
[81] Hot Potatoe, URL: http://web.uvic.ca/hrd/halfbaked/
[82] Zoomerang, URL: http://info.zoomerang.com/
[83] SPSS, URL: http://www.spss.com/
[84] Excel Stat Pack, URL: http://spider.georgetowncollege.edu/t3/wsr/csc120/ssstat97.htm
[85] Impatica para Power Point, URL: http://www.impatica.com/imp4ppt/
[86] AtomZ, URL: http://www.atomz.com/
[87] Bravenet, URL: http://www.bravenet.com/
[88] Toolbook, URL: http://www.sumtotalsystems.com/toolbook/

		Impatica para Power Point[85] 13. Hot Potatoe 14. AtomZ[86], Bravenet[87] 15. Authorware, Toolbook[88], Captivate 16. Quandary

Tabla 14: Tecnología Sincrónica

Métodos	Tecnología	Herramientas
1. Clase virtual (docente, alumnos) 2. Reuniones de trabajo 3. Audio conferencia 4. Video conferencia 5. Discusión sincrónica 6. Diálogo sincrónico 7. Encuesta, rating 8. Online brainstorm 9. Coaching online	1. Chat, Whiteboard, Aula Virtual VOIP 2. Espacios de proyecto, meeting rooms 3. VOIP, PC to PC, PC to phone, conference call 4. Desktop, set top 5. Chat room 6. Instant messaging 7. Online polling y ranking 8. Mind Mapping	1. Centra[89], Webex[90], Elluminate[91], Blackboard, WebCT[92] 2. Groove, eRoom, Lotus QuickPlace 3. MSN Messenger[93], Net2Phone[94], Skype[95] 4. NetMeeting[96], Breeze[97], sistemas set top[98] 5. MSN Messenger, Bravenet,

[89] Centra, URL: http://www.centra.com/trial/index.asp
[90] Webex, URL: http://try.webex.com/mk/get/sc_free_trial
[91] Elluminate, URL: http://www.elluminate.com/
[92] WebCT, URL: http://www.webct.com/
[93] MSN Messenger, URL: http://messenger.msn.com/
[94] Net2Phone, URL: http://www.net2phone.com/
[95] Skype,URL: http://www.skype.com/
[96] NetMeeting, URL: http://www.microsoft.com/windows/netmeeting/
[97] Breeze, URL: http://www.macromedia.com/software/breeze/
[98] Videoconferencias set top, URL:
http://picturephone.com/products/polycom_viewstation_ex.htm

10. Práctica guiada 11. Juegos	software 9. IM, chat, espacios de proyecto 10. Application sharing	*Blackboard* 6. *Messenger, Yahoo[99], AOL[100], Same Time* 7. *Centra, Webex, Elluminate, Blackboard* 8. *Mind Manager* 9. *Groove, eRoom, Lotus QuickPlace, Blackboard* 10. *Messenger, Yahoo*

LMS e ILS

Entre los Learning Management Systems (LMS)[101] que incluyen funciones de interacción con alumnos (Integrated Learning Systems o ILS[102]), los líderes de la industria son *Blackboard* y *WebCT*[103] para la enseñanza superior (con más del 80% del mercado y más de 5 millones de usuarios independientes), y *Docent*[104], *IBM Lotus Learning Space*[105] y *Saba enterprise*[106].

Algunas organizaciones desarrollan sus propios LMS, como el caso de *Mi Curso* o *Saeti2*, que ofrecen interfases en castellano.

Para una comparativa de LMS, *Edutools* provee una base de datos online. La base de datos *Kolabora* ofrece información sobre una gama más amplia que incluye herramientas autoras.

---

[99] Yahoo Messenger, URL: http://messenger.yahoo.com/?i=1
[100] AOL Messenger, URL: http://www.aim.com/
[101] Mas informacion sobre LMS en URL:
http://www.google.com/search?hl=en&lr=&rls=GGLD,GGLD:2003-48,GGLD:en&oi=defmore&q=define:LMS
[102] Mas informacion sobre ILS en URL: http://atschool.eduweb.co.uk/mbaker/material/ils.html
[103] En Diciembre de 2006, Blackboard adquirio WebCT, convirtiendose en el LMS hegemonico en el mercado de educacion
[104] Mas informacion sobre Docent en URL: http://www.sumtotalsystems.com/
[105] Mas informacion sobre LearningSpace en URL:
http://www.lotus.com/lotus/offering3.nsf/wdocs/learningspacehome
[106] Más información sobre Saba enterprise en URL: http://www.saba.com/

EVALUACION

La evaluación contínua y monitoreo del aprendizaje por parte del estudiante y del instructor o eTrainer es una de las claves del éxito en los procesos de e-Learning.

Diferenciaremos pautas para el e-Learning de autoestudio de aquellas correspondientes al colaborativo.

Evaluación en autoestudio

La evaluación continua en el modelo de autoestudio es parte integral del proceso de aprendizaje, ya que el programa mismo debe dar al participante oportunidad de verificar por sí mismo su comprensión y aplicar los conceptos.

Un buen programa de autoestudio debe incluir cada 5 pantallas un ejercicio de aplicación y verificación en el que el participante comprueba su grado de manejo de conceptos o herramientas.

Otro factor clave en el proceso de autoestudio es el diseño de feedback adecuado, que debe reunir las siguientes condiciones

1. Preciso, referido a lo que el participante hizo bien o mal
2. Alentador, indicando el progreso
3. Personalizado, llamando al estudiante por su nombre o refiriéndose a su trabajo

4. De proceso, indicando el tiempo empleado, el nivel de desempeño y los posibles motivos de error.
5. Sumarizando el avance: mostrando el grado de avance
6. Redirección: dirigiendo al estudiante a los puntos que debe profundizar.

Ejemplo de ciclo de autoevaluacion en autoestudio – Paso 1: problema

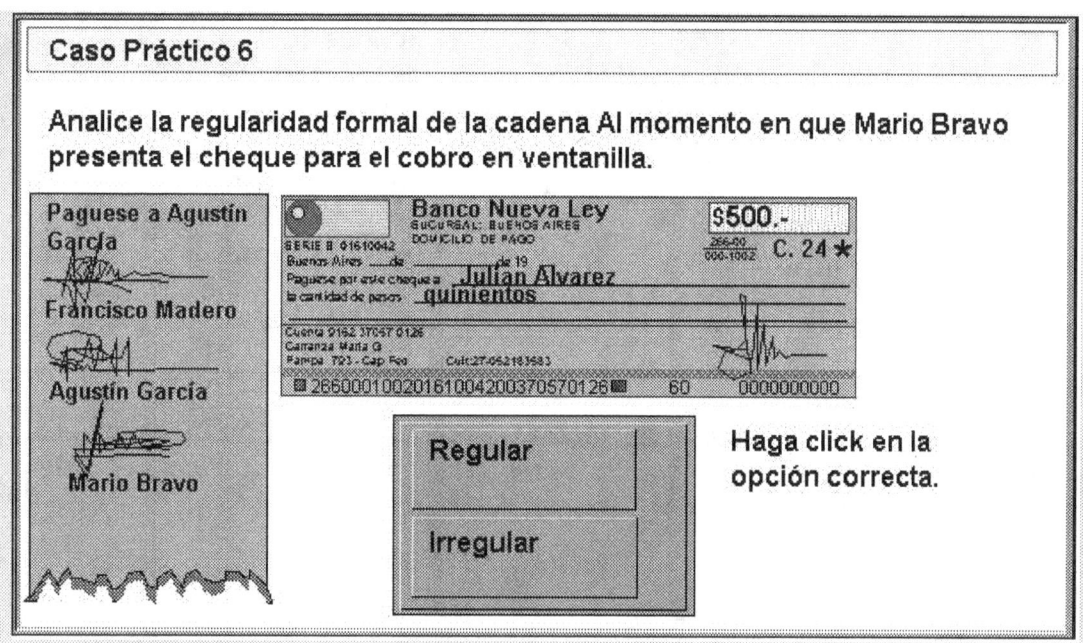

Cada item de evaluación debe medir las competencias reales que debe desarrollar el estudiante –en este caso, el control de cheques en la línea de caja de un banco-. El caso debe presentar los elementos para analizar y la decisión a tomar en forma clara, ordenada y sencilla.

Ejemplo de ciclo de autoevaluacion en autoestudio – Paso 2: feedback

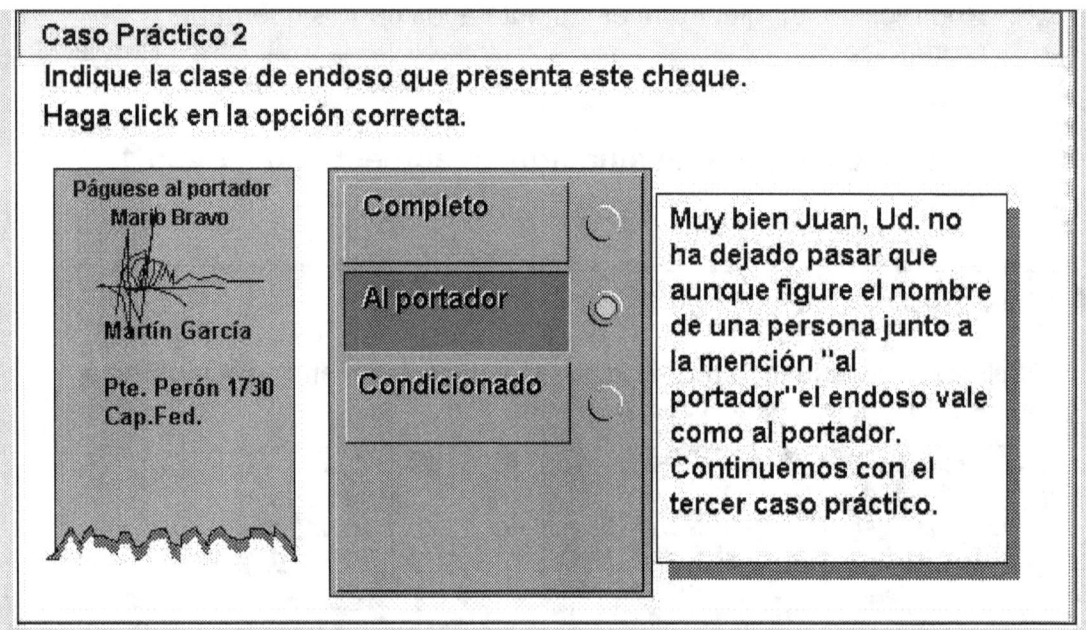

Caso Práctico 2

Indique la clase de endoso que presenta este cheque.
Haga click en la opción correcta.

Páguese al portador
Marjo Bravo

Martín García

Pte. Perón 1730
Cap.Fed.

Completo

Al portador

Condicionado

Muy bien Juan, Ud. no ha dejado pasar que aunque figure el nombre de una persona junto a la mención "al portador" el endoso vale como al portador. Continuemos con el tercer caso práctico.

El feedback usa los criterios mencionados personalizando, alentando, indicando –incluso en el caso de respuesta correcta- los criterios para reforzar el aprendizaje.

Es importante recordar que en el proceso de autoestudio, el feedback es lo que define la calidad de la enseñanza.

El programa debe incluir en su feedback toda la riqueza que un buen instructor presencial puede proveer a traves de la interacción con el estudiante.

La inversión en diseñar feedback debe ser más importante que la dedicada a presentar contenido, ya que el feedback tiene una incidencia probada muy superior a la multimedia o presentación en la transferencia y aplicación de lo aprendido.

Un programa con mucha multimedia pero poco feedback es lo mismo que un profesor con muchos medios audiovisuales pero poco participativo: vuela muy alto...pero a ciegas.

Ejemplo de ciclo de autoevaluacion en autoestudio – Paso 3: feedback sumativo

```
                    Resultados de la Evaluación

  Total de Intentos                 5      JUn, su total de
                                           errores es bajo,
  Total de intentos incorrectos      2     pero significativo.
                                           Conviene que
  Total de casos bien resueltos      3     realice una
                                           segunda revisión
  Total de casos mal resueltos =     2     de este módulo
                                           para ajustar y fijar
  Su tiempo de estudio =          0:03 hs  conceptos que aún
                                           pueden no estar
  Su grado de aprendizaje        42.86 %   afianzados.


                                                      Continue
```

Tras resolver una serie de casos y recibir feedback específico, el participante recibe también feedback sumativo, indicándole otras dimensiones de su desempeño que pueden ser relevantes, más allá de su nivel de error, como su tiempo de estudio y su grado de aprendizaje o avance contra el nivel esperado para esa competencia.

El feedback sumativo permite al alumno online tener una visión general de su grado de avance en el logro de una competencia, comparado con un estándar o criterio establecido por el programa.

De este modo, se alienta y desarrolla la capacidad del estudiante para el estudio autodirigido y se integra la visión de los resultados parciales con el análisis del proceso desarrollado para lograrlos y el grado de competencia para la aplicación de todos los componentes en el mundo real.

El feedback de alto nivel de calidad no solamente nos indica cuántos ítems hemos resuelto correctamente, sino porqué son correctos, permitiéndonos detectar cuando el acierto ha sido por azar o por razones equivocadas.

Ejemplo de ciclo de autoevaluacion en autoestudio – Paso 4: más feedback sumativo

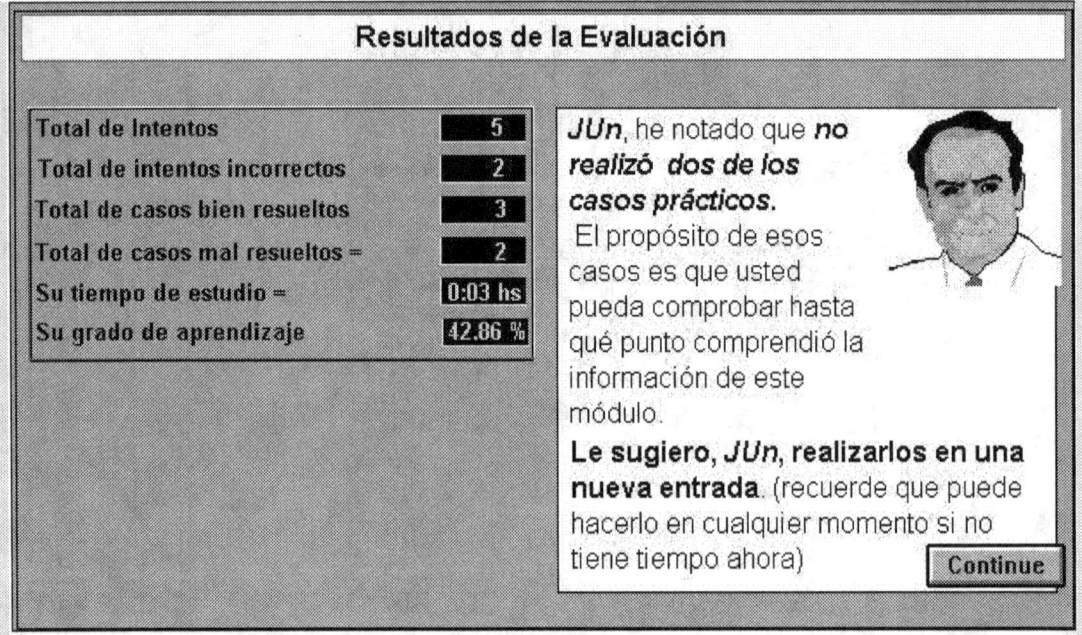

Aqui vemos la culminacion del feedback sumativo, en una segunda pantalla que da indicaciones más específicas sobre proceso –no hizo casos prácticos- y recomienda acciones a seguir.

Evaluación en colaborativo

El e-Learning colaborativo agrega a la autoevaluación propia del autoestudio, el feedback y análisis mucho más detallado y personalizable de un eTrainer que revisa , gradúa y comenta el trabajo entregado online.

Dos elementos clave para el feedback de alta calidad en esta modalidad son el uso de notas y de rúbricas.

Las notas –que el eTrainer agrega al trabajo revisado del estudiante usando la función Track Changes de MS Word- permiten al estudiante recibirn un análisis mucho más rico y detallado que el que podría tener en una relación normal de instructor a grupo de alumnos en un curso presencial.

Las rúbricas permiten al estudiante conocer de antemano los criterios de evaluación tanto de trabajos entregados como de procesos grupales, como se puede ver en los modelos siguientes.

Rubrica para evaluación de papers

Evaluación Trabajo Práctico entregado
Análisis de artículo

Estudiante:

Grupo:

Trabajo entregado:

Factor	Nivel					Peso	Comentario
	1	2	3	4	5		

A. Estándares
  1. Titulo correcto
  2. Contesta todas las preguntas
  3. Dentro de la extensión requerida
  4. Dentro del plazo requerido
  5. Agrega elementos de valor
						20	

B. Comunicación y presentación
  1. Uso correcto del vocabulario técnico
  2. Identificación de trabajo, autor, versión, colocación en lugar correcto
  3. Redacción y sintaxis correctas
  4. Elaboración personal
  5. Ejemplificación, analogías
						40	

C. Elaboración
  1. Relaciona conceptos
  2. Usa ejemplos adecuados
  3. Usa cuadros, tablas
  4. Aporta elaboración personal
  5. Compara con otros materiales, autores
						40	

Total posible						100	
Total obtenido							

Rúbrica para evaluación de equipo

Trabajo y Organización de equipo virtual
Guía de evaluación grupal

Evaluador:
Equipo:
Mes evaluado:

> *Instrucciones: completen la guía y colóquenla en el tablero de discusión de su equipo cada mes*

Aspectos a considerar

Área	Nivel actual 1: Bajo 5:Optimo	Aspectos a mejorar
1. Calidad de trabajo	1 2 3 4 5	
2. Organización	1 2 3 4 5	
3. Comunicación	1 2 3 4 5	
4. Cumplimiento	1 2 3 4 5	
5. Compañerismo	1 2 3 4 5	
6. Planificación	1 2 3 4 5	
7. Liderazgo	1 2 3 4 5	
8. Control de calidad	1 2 3 4 5	
9. Distribución de tareas y esfuerzo	1 2 3 4 5	
10. Aporte de todos los miembros	1 2 3 4 5	

A. Acciones concretas que llevaremos adelante para mejora en este mes próximo:

B. Qué hemos aprendido de esta experiencia que se puede aplicar a la mejora del desempeño de una organización

Capítulo 3

DISEÑO DE DETALLE

Concepto y proceso

Una vez definidos en el *diseño general* los grandes componentes y del curso o programa online, a nivel de objetivos terminales, pirámide de contenidos, módulos, menú y navegación, el creador del curso online debe realizar un *diseño de detalle* que especifique a nivel de actividades concretas del participante, las pantallas, lecturas, tests, ejercicios e interacciones que debe realizar *antes* de proceder a su producción y conducción.

Figura 24: Pasos del desarrollo de un curso online

En la etapa de diseño de detalle, los componentes y procesos requeridos por las modalidades de autoinstrucción y Colaborativa difieren sustancialmente, como muestra la Figura 25.

Figura 25: Componentes del diseño de detalle de autoinstrucción y colaborativo

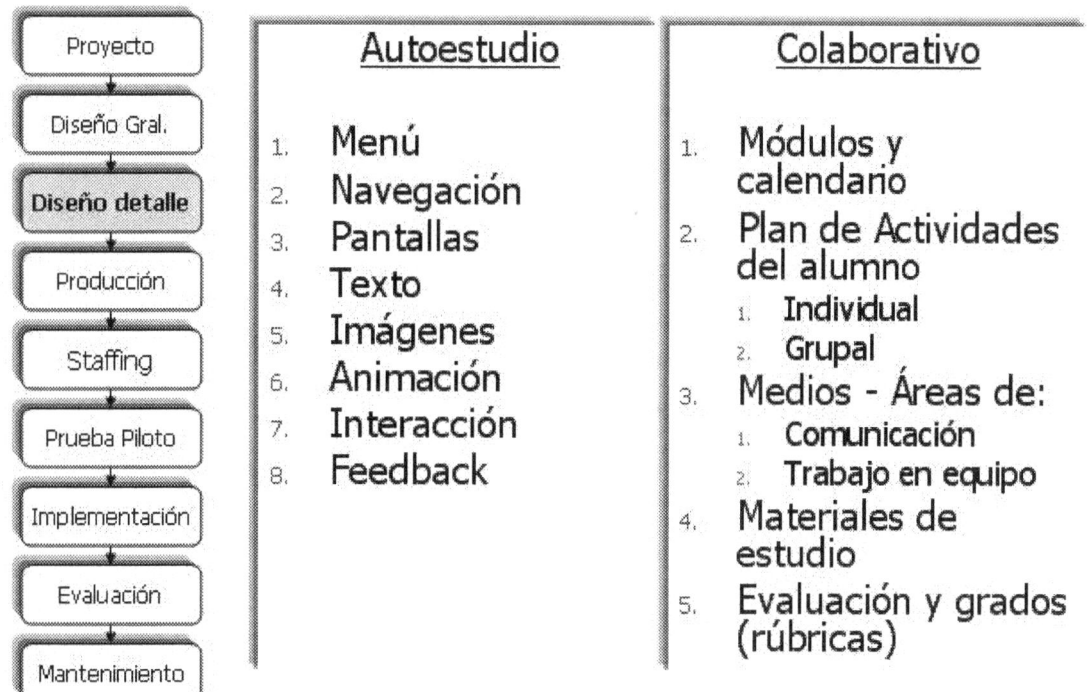

Diseño para autoestudio

En el diseño de autoestudio, los elementos más importantes a definir son precisados en dos documentos clave: el *Flujograma* y el *Storyboard*.

El Flujograma del curso

A través del Flujograma, el diseño de detalle especifica el momento y secuencia en la que deben aparecer las diferentes pantallas e interacciones del curso de autoestudio.

La Figura 26 muestra un ejemplo de Flujograma de curso, en el que se indica el orden en que deben aparecer los elementos y cómo debe ser la navegación entre cada uno de ellos.

Figura 26: Flujograma de curso

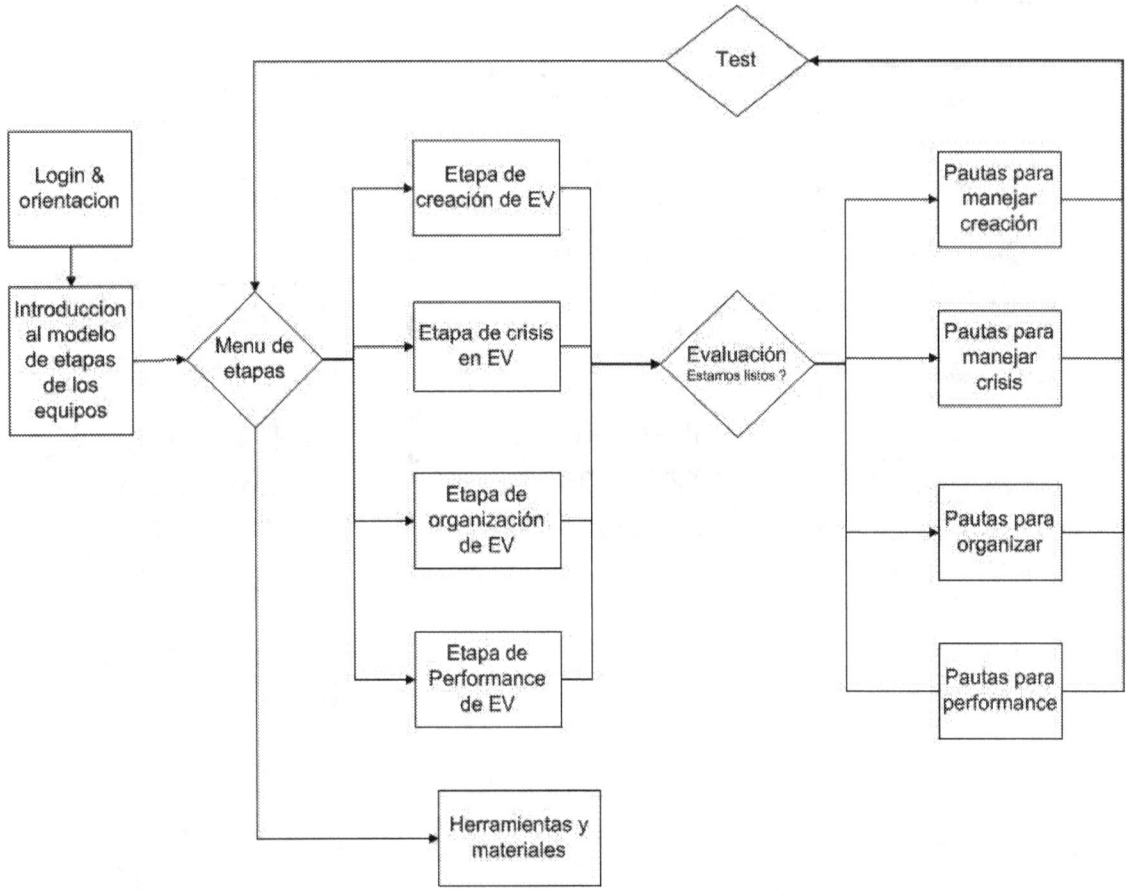

Usando el Flujograma de la Fig. 26 el desarrollador o programador [107] puede ver claramente el recorrido o navegación que va a seguir el programa de autoinstrucción, en este caso comenzando por el módulo de Login y orientación, siguiendo por la introducción del modelo de etapas de los equipos antes de acceder a un Menú de etapas desde el que el usuario puede acceder a cualquiera de los cuatro módulos y a las herramientas y materiales prácticos en forma simultánea.

El Flujograma puede ser diseñado en varios niveles, siendo el primero el que indica la navegación y menú de los diferentes componentes y el segundo, el que explica en detalle cómo debe funcionar una parte determinada.

En la Figura 27, por ejemplo, vemos el Flujograma detallado del módulo de Login y orientación.

---

[107] Si es que un programador es requerido, pues es cada vez más frecuente que los diseñadores desarrollen el material utilizando sistemas autores. De todas formas, el diseño de detalle previo es indispensable para prever posibles problemas, optimizar pasos y dividir y organizar el trabajo de producción entre diferentes miembros de un equipo de desarrollo.

Figura 27: Flujograma de detalle de un paso (nivel 2)

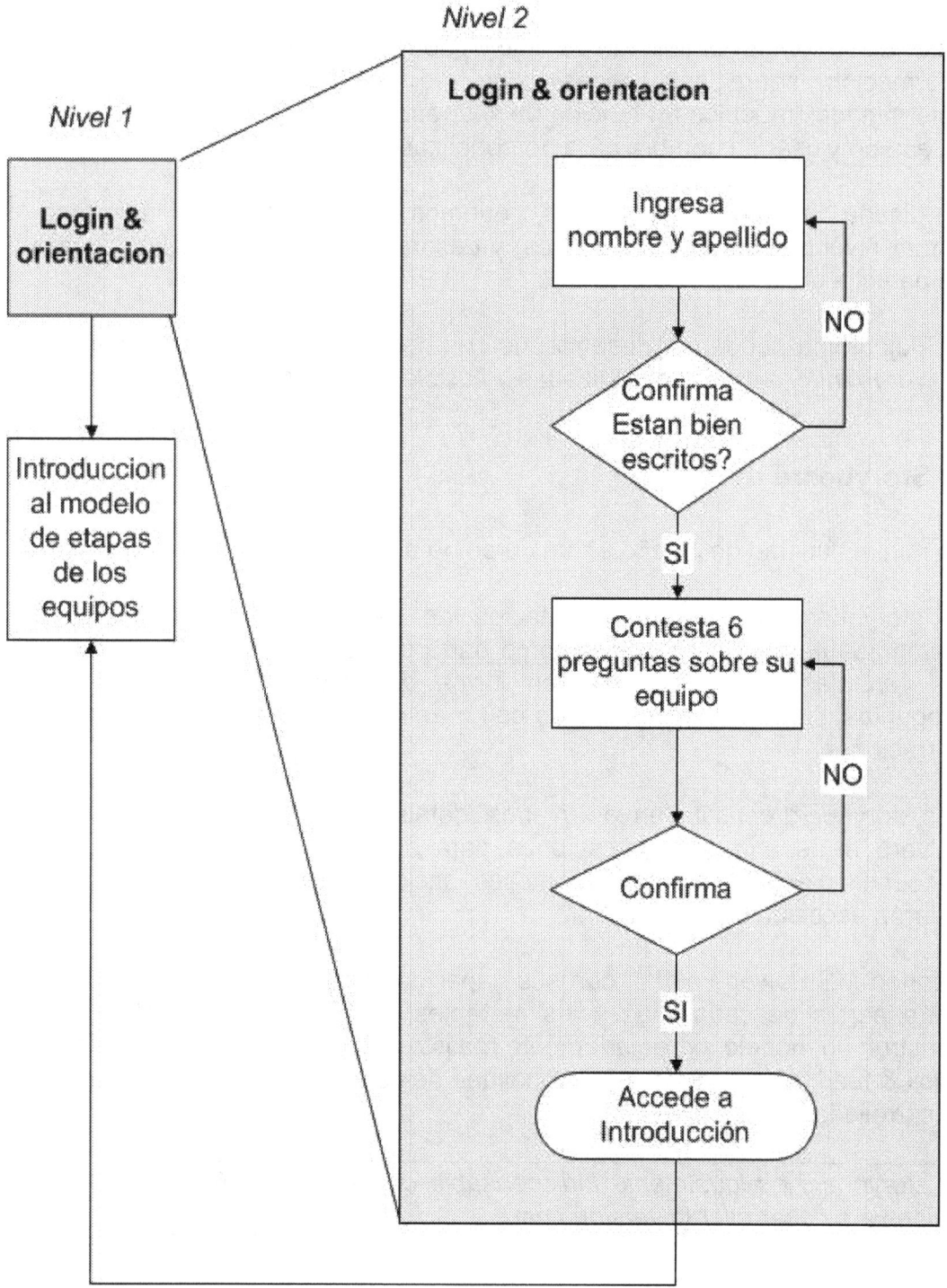

El uso de un segundo nivel de detalle suele ser requerido cuando se desea crear una interacción más compleja, como en el caso de la Fig.27. En este caso, el desarrollador especifica en Flujograma de detalle del Login la inclusión de un cuestionario de preguntas sobre el equipo antes de introducir la teoría sobre equipos, de modo de suscitar el interés por la misma utilizando el criterio de orden de interés psicológico (Bernárdez, 1982, 2003)

Este diseño más detallado del paso de Login permite también captar información sobre las necesidades del estudiante para dirigirlo a determinados módulos en función de sus respuestas a las 6 preguntas sobre su equipo y usar su nombre para personalizar los comentarios de feedback.

En diseño de cursos más simples, podemos limitar el uso del Flujograma al primer nivel (navegación y módulos) y desarrollar los otros niveles[108] a nivel de pantalla utilizando el Storyboard.

El Flujograma puede ser desarrollado con herramientas generales como *MS Power Point*™ o más especializadas y flexibles, como *MS Visio*™ [109]

El Storyboard del curso

La mínima unidad de diseño en un curso de autoestudio es la *pantalla*.

El storyboard es una representación de cada pantalla, que ubica los elementos *permanentes* , tales como barra de navegación, títulos, posición; los *variables* como contenido en forma de texto, imágenes, ejercicios, preguntas, feedback y los *móviles* como animaciones, multimedia, sonido o narraciones.

Los storyboard constituyen los "planos" detallados de cada pantalla tal como la verá el usuario con indicaciones para el desarrollador en cuanto a la secuencia o enlaces con otras pantallas, acciones, animaciones o sonido que estarán asociadas con la misma.

Usando *MS Power Point*[110] con sus capacidades para insertar hipervinculos entre partes de cada slide y los restantes, el diseñador educativo puede construir un modelo extremadamente realista de lo que desea en terminos de "look & feel", organización y funcionalidad de cada pantalla para comunicar al desarrollador.

> *El storyboard es igualmente indispensable cuando el diseñador es también quien va a desarrollar la version final.*

---

[108] Recomendamos utilizar MS Visio pues permite una mayor variedad de combinaciones, crea archivos de imágenes menos pesados y se integra fácilmente con PowerPoint o Word.
[109] Visio Free Trial, descargar de URL:
http://www.microsoft.com/office/visio/prodinfo/trial.mspx
[110] En el Capitulo 4 encontrara instrucciones detalladas para usar esas funciones de Power Point.

El uso de storyboard ahorra tiempo en desarrollo y permite seleccionar las mejores ideas antes de instalarlas en un sistema autor simple o avanzado.

La Figura 28 muestra los diferentes componentes del storyboard en una pantalla.

Figura 28: Storyboard

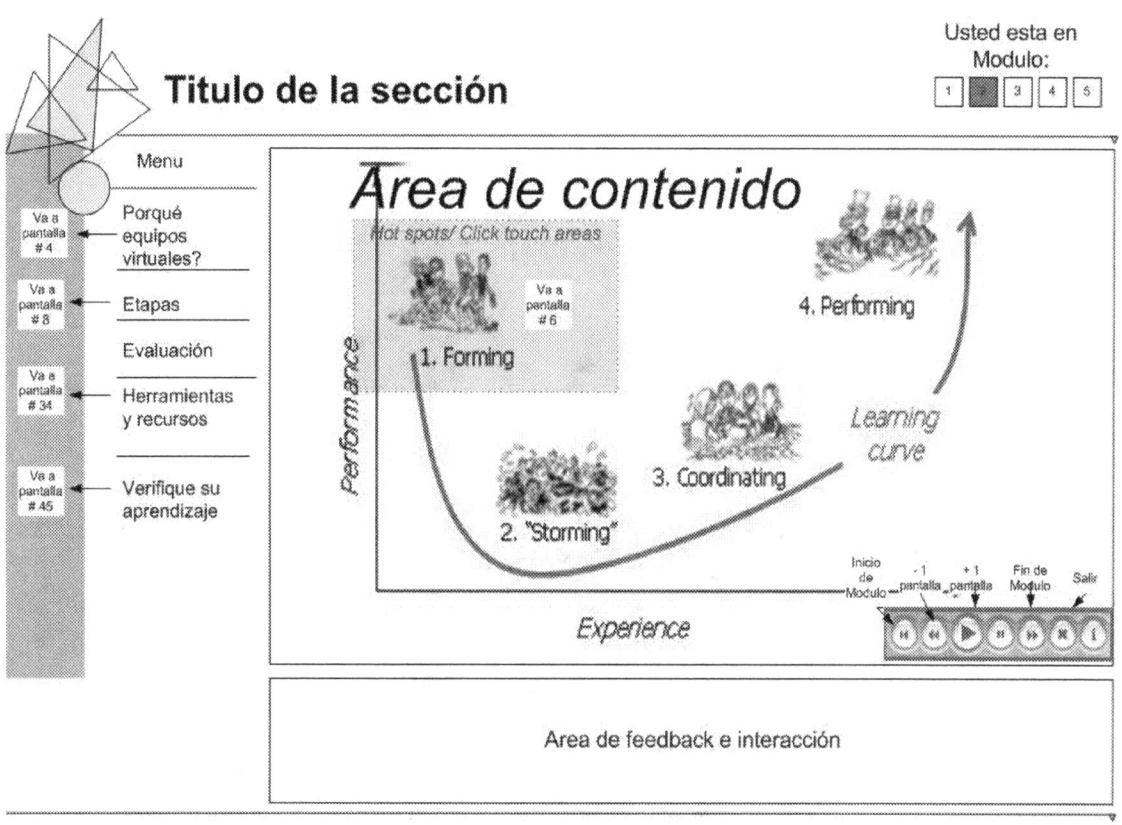

De acuerdo con estándares internacionales (ASTD, 2001), el menú fijo tiende a colocarse como una columna vertical a la izquierda. La barra superior de la pantalla se reserva para ubicar títulos de la sección y la localización o referencia.

El área central de pantalla se utiliza para colocar contenido y la parte inferior de la misma para feedback o instrucciones auxiliares. Aún cuando se utilicen variantes, las áreas de navegación deben permanecer fijas y accesibles en todo momento (AICC, 1988[111]; ASTD, 2001[112]), pues la investigación en

---

[111] Más información sobre estándares AICC en URL: http://www.aicc.org/pages/down-docs-index.htm#AGR

[112] Más información sobre estándares ASTD, en URL: http://www.astd.org/ASTD/marketplace/ecc/standards

usabilidad[113] (Nielsen, 2000[114]; Krug, 2002[115]) ha demostrado que un menú estable, fácilmente localizable agiliza la navegación, orienta al usuario y aumenta el tiempo de uso y visita a la sección.

En cada pantalla, el diseñador debe señalizar los elementos que ligan a otras pantallas (branching) con referencia a la pantalla # №. Cuando el elemento de liga o link es una zona de "hot spot" o de dragado, debe indicarse con un área semitransparente con referencia a la pantalla de destino. Una combinación de varias zonas de "hot spot", como por el ejemplo del ejercicio de dragado del mapa de la Figura 29 constituye un "mapa" interactivo.

Figura 29: Ejemplo de mapa interactivo

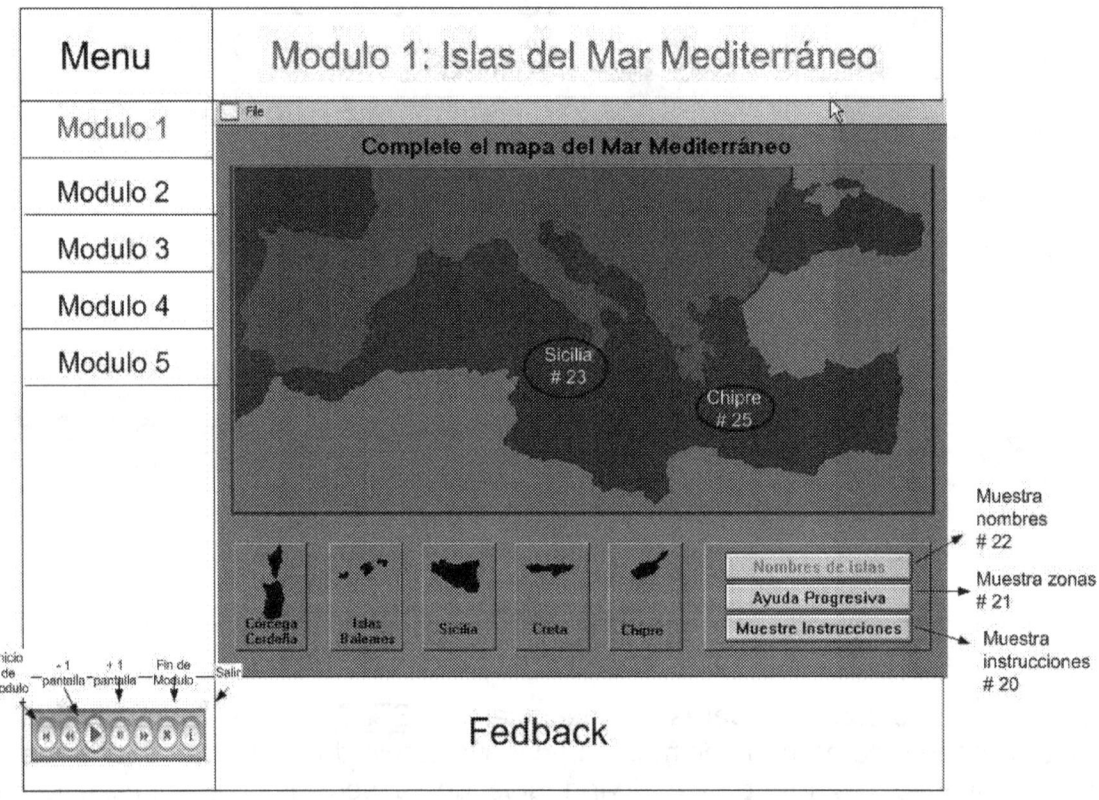

El uso de matrices en formato *PowerPoint*™ permite establecer hyperlinks dinámicos entre pantallas, sonido y animaciones que refuerzan la comunicación del efecto deseado.

---

[113] Para más información sobre *usabilidad* presentada en forma de errores más comunes al diseñar páginas, recomendamos visitar la página de Ned Flanders, URL: http://www.webpagesthatsuck.com/

[114] Mas información sobre criterios de usabilidad según Nielsen en URL: http://www.useit.com/

[115] Más información sobre criterios de usabilidad según Krug en URL: http://www.sensible.com/

En el ejemplo de la Figura 30, el storyboard en *PowerPoint™* incluye botones activos que vinculan las pantallas en la forma deseada, dando una mejor idea del producto final deseado.

Figura 30: Storyboard con hyperlinks

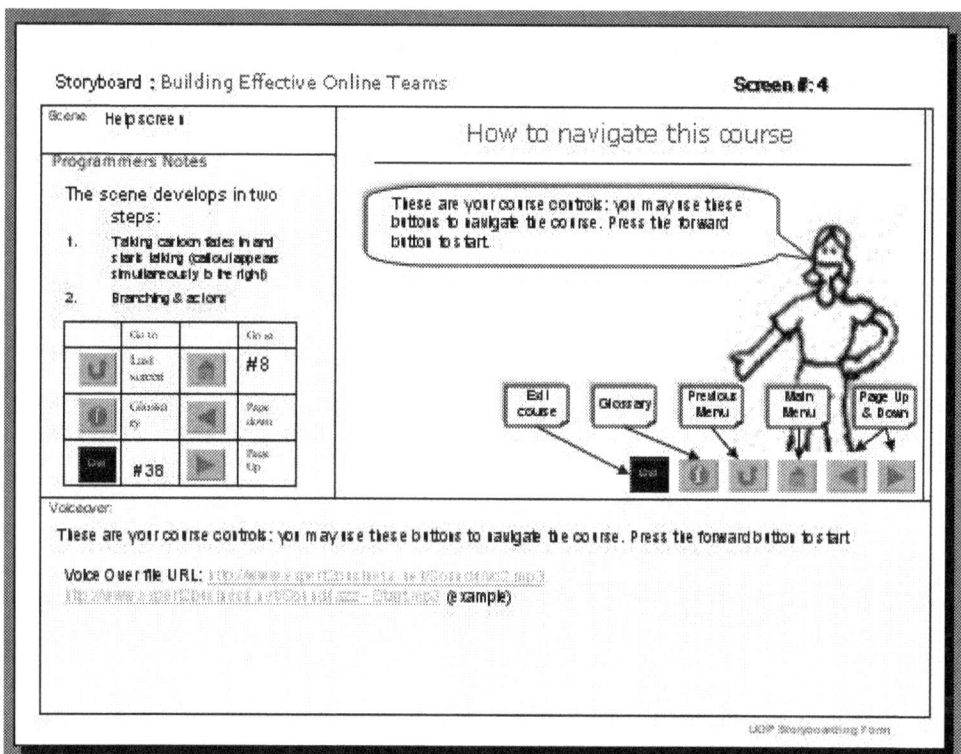

Usabilidad

El concepto de *usabilidad*[116] es esencial para el desarrollo de e-Learning, y particularmente de autoestudio.

Diversos estudios (Moshinskie, 2001, Park, 2002, ASTD, 2001) muestran que el factor más frecuente de altas tasas de abandono de cursos online –tanto colaborativos como de autoestudio- es que el usuario se pierde o se siente confundido por la forma en que está diseñada la interfase (GUI) del curso.

ASTD (2001) ha encontrado que en estos casos, hasta un 50% de los usuarios abandona en las primeras 3 pantallas. Especialistas en usabilidad (Nielsen, 2001; Krug, 2003) indican que este problema ocurre después de los primeros dos o tres "clicks" sobre la pantalla.

---

[116] Mas informacion sobre usabilidad en URL: http://es.wikipedia.org/wiki/Usabilidad

Analisis de usabilidad

En el diseño de detalle de un curso o material de e-Learning, es fundamental efectuar un análisis de usabilidad de cada interfase o pantalla para maximizar su eficacia y evitar la deserción de usuarios.

Tara King define 5 factores que caracterizan la usabilidad o facilidad de uso de cualquier elemento, material o de sofware que se presentan en la herramienta de analisis de la Tabla 15.

Tabla 15: Analisis de usabilidad (Tara King)

Criterio	Descripcion	Nivel	Mejoras sugeridas
1. Utilidad	*La herramienta cumple eficazmente con la tarea?*	1 2 3 4 5	
2. Apoyo a tarea	*El diseño ayuda a realizar la tarea mas eficientemente?*	1 2 3 4 5	
3. Adaptacion al usuario	*Puede ser usada en diferentes contextos, usuarios?*	1 2 3 4 5	
4. Adopción	*Es preferida por los usuarios a otras alternativas?*	1 2 3 4 5	
5. Extensibilidad	*Se puede usar para otras tareas no previstas?*	1 2 3 4 5	

Explorando y comparando miles de páginas y sitios Web en términos de diseño, frecuencia de uso y éxito comercial o educativo, *Jakob Nielsen* identificó una serie de factores de éxito o fracaso en el diseño que estaban directamente relacionados con las necesidades del usuario en lugar de las preferencias técnicas o estéticas de los desarrolladores.

Nielsen descubrió que un factor clave para persistentes problemas de usabilidad era la tendencia de los especialistas a buscar "su" usabilidad.

Los programadores tienden a usar códigos personales en lugar de aprender o adoptar otros, los diseñadores gráficos a usar colores y formas acordes con sus preferencias estéticas, los diseñadores educativos a usar modelos de clase presencial que les habian resultado exitosos.

Otro factor era que con frecuencia, los diseñadores y desarrolladores nunca usaban lo que diseñaban.

Los factores descubiertos por Nielsen fueron adoptados como estándares profesionales generalizados por los sitios Web más exitosos, como eBay, Amazon, Google y Wikipedia.

Los criterios de Nielsen se sintetizan en la herramienta de análisis de la Tabla 16.

Tabla 16: Guia de analisis de usabilidad (Nielsen)

Criterio	Descripcion	Nivel	Mejoras sugeridas
1. Intuitividad	*El diseño es familiar, facil de aprender?*	1 2 3 4 5	
2. Eficiencia de uso	*Está todo en la pantalla a "uno o dos clicks"?*	1 2 3 4 5	
	Es fácil de encontrar?	1 2 3 4 5	
3. Memorabilidad	*Es el menú de menos de 7 elementos?*	1 2 3 4 5	
	Son las palabras breves y recordables?	1 2 3 4 5	
	Son los graficos claros y pertinentes?	1 2 3 4 5	
4. Pocos errores no catastroficos	*La interase provoca errores del usuario?*	1 2 3 4 5	
	Los errores provocados por la interfase son catastroficos? (ej: el usuario pierde sus datos, recibe feedback equivocado, es expulsado o debe comenzar todo de nuevo)	1 2 3 4 5	
5. Satisfacción subjetiva	*El uso de la aplicación produce una reacción de entusiasmo y placer al usuario?*	1 2 3 4 5	
	Los usuarios recomiendan la aplicación a otros?	1 2 3 4 5	
	Los usuarios usan con frecuencia la aplicación?	1 2 3 4 5	

Nuestra experiencia de evaluación de programas y materiales de e-Learning nos ha permitido identificar 8 factores clave y 7 puntos de control que sintetizamos en la Tabla 17.

Tabla 17: Analisis de usabilidad para e-Learning (Bernardez, 2005)

PUNTOS DE CONTROL		PUNTOS DE CONTROL	

1. Menú estable
   a. Izquierda
   b. Vertical
2. Botones claros
3. Mínimos pasos
4. Poco texto
5. Imágenes precisas
6. Orden
7. Compra o pedido agil
8. Eliminar, anticipar
		1. Interactividad util
		2. Simplificar, agilizar
		3. Proceso de trabajo
		4. FAQs
		5. EPSS, ayudas
		6. Material útil
		7. Contacto
		   a. Quien es quien
		   b. Velocidad
		   c. Dialogo	

1. *Menu estable:* los usuarios prefieren utilizar menúes que permanecen en la izquierda y tope de la pantalla. Esto les ayuda a no perderse a medida que avanzan, pues el menu estable les proporciona referencias.

Figura 31: Menu de Autoestudio

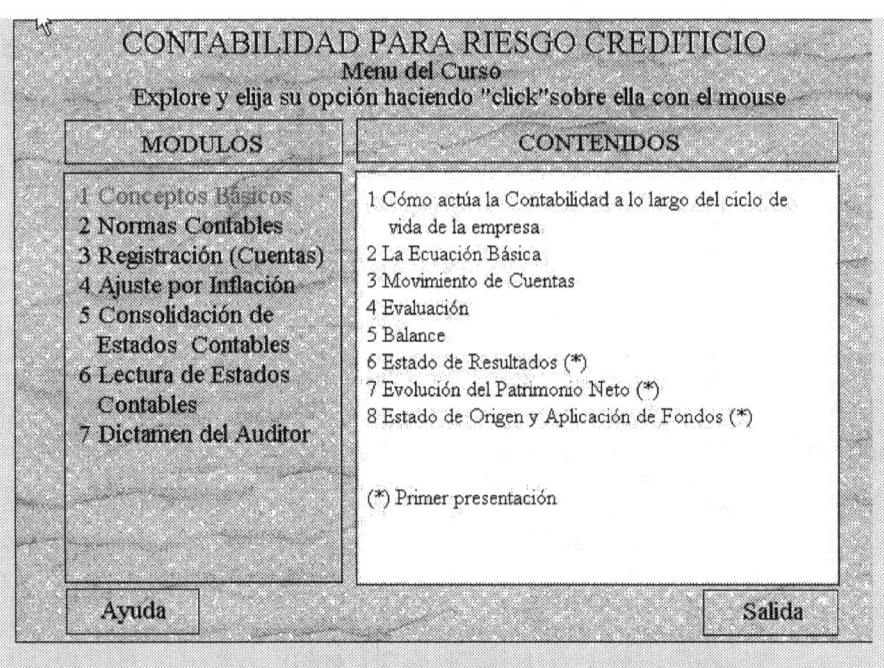

Podemos ver en este menu como la diferenciacion entre módulos y contenidos permite al usuario saber en todo momento donde se encuentra posicionado.

Figura 32: Menu colaborativo

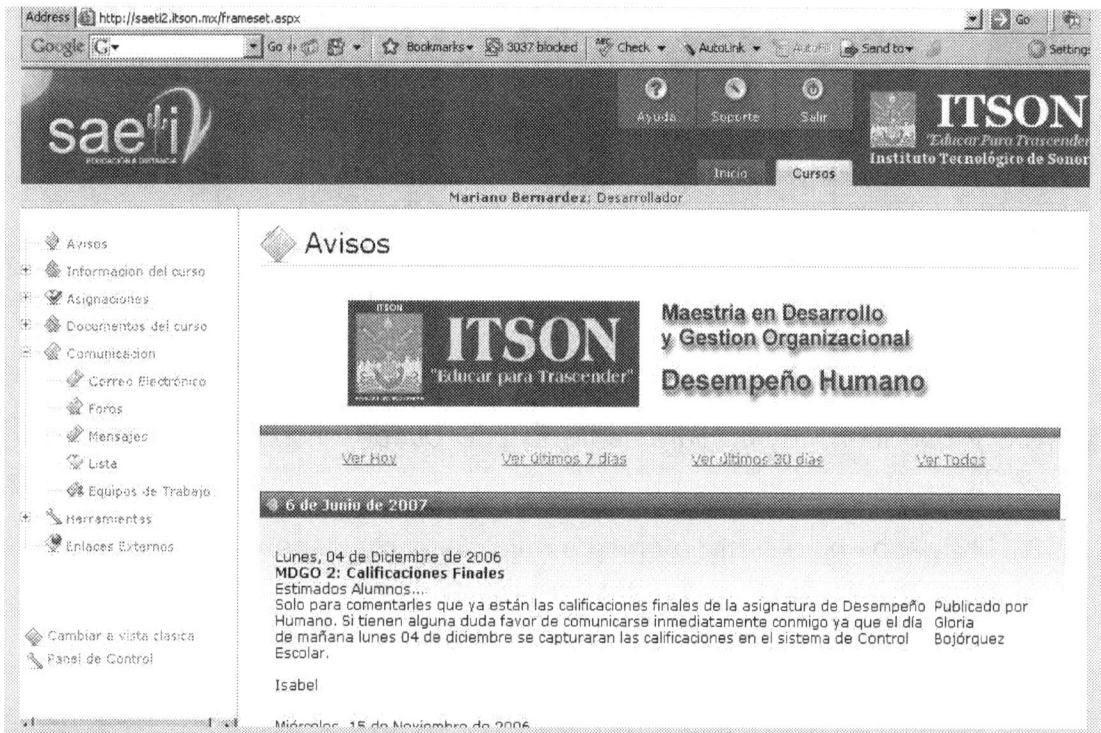

En este Menu de e-Learning colaborativo (Saeti2) podemos ver como la barra de la izquierda permite ver al usuario en que parte de la plataforma se encuentra, la barra superior le permite elegir entre "Inicio", "Cursos" (para acceder a otros cursos en que esté inscripto), "Ayuda" o "Soporte".

En el titulo de la pantalla de la derecha ("Avisos" en este caso), puede saber en que parte del menu se encuentra.

2. *Los botones* deben ser resaltados de modo de hacer claro que son clickables. Debe evitarse formatos que confunden botones con texto y utilizar textos breves, que indiquen claramente para qué sirve el botón. Los botones deben estar resaltados como tales por las convenciones del Web: sobresalir, subrayado en celeste y/o activar una reacción del cursor al colocarlo sobre ellos (convertirse en una mano u otro simbolo)

La Figura 33 muestra un ejemplo de criterios adecuados e inadecuados para definir y completar un botón interactivo.

Figura 33: Botones claros

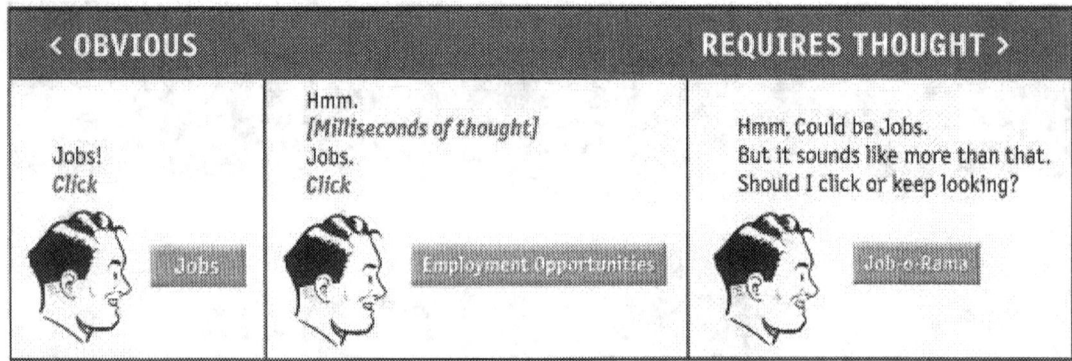

Podemos ver en este ejemplo que los botones deben tener nombres claros, breves y que identifiquen claramente lo que puede encontrarse o hacerse con ellos.

3. *Los pasos para llegar a un elemento del curso deben ser mínimos*. Un área de Buscar en la primera pantalla es altamente recomendable.

Figura 34: Menu en una pagina Web

En este ejemplo Web podemos ver como se provee al usuario 2 alternativas de acceso al contenido: (1) por tema con la botonera vertical y horizontal – para sugerirle la busqueda- y (2) con el campo de Buscar por palabras clave en forma directa.

4. *Poco texto*: el texto en pantalla no debe exceder los bullet points de un slide Power Point. Mayores niveles de detalle deben ser indicados con hipervinculos y paginas adicionales.

5. *Imágenes precisas:* las imágenes deben agregar información y reforzar lo indicado por el texto. Deben evitarse las imágenes como "fondo" de los slides.

6. *El programa debe seguir un orden lógico de presentación y búsqued*a, basado en el uso que debe darle el usuario. Un buen organizador es el de las funciones o tareas de trabajo que debe realizar el usuario con la aplicación.

Figura 35: Mecanismos de busqueda simples y efectivos

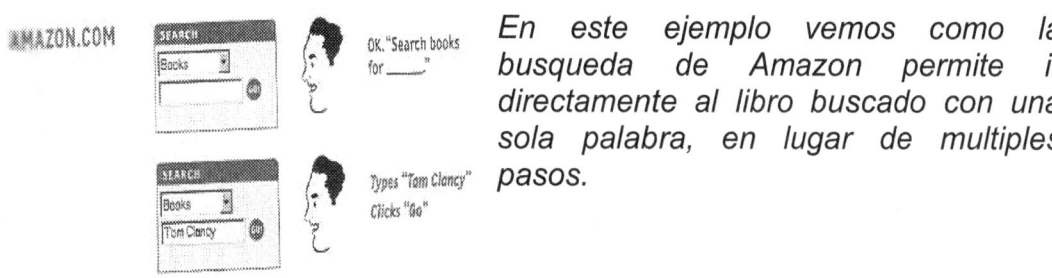

En este ejemplo vemos como la busqueda de Amazon permite ir directamente al libro buscado con una sola palabra, en lugar de multiples pasos.

7. *Compra o pedido ágil*: los instrumentos de e-commerce deben ser simples, de modo que el usuario encuentre, compare y compre lo que desee en 4 o 5 clicks como máximo.

8. *Eliminar, anticipar:* la aplicación debe *prever* posibles necesidades del usuario, y simplificar el proceso. Ejemplo: cuando el usuario entra en una pantalla, debe haber enlaces a contenidos u operaciones complementarias, como planillas o herramientas de cálculo asociadas a una tarea, preguntas más frecuentes (FAQ), etc.

Aplicación individual

Observe el menu de la Figura 36, y aplicando los conceptos previos, indique si si hay o no problemas de *usabilidad*.

Figura 36: Aplicación práctica: este Menú es usable?

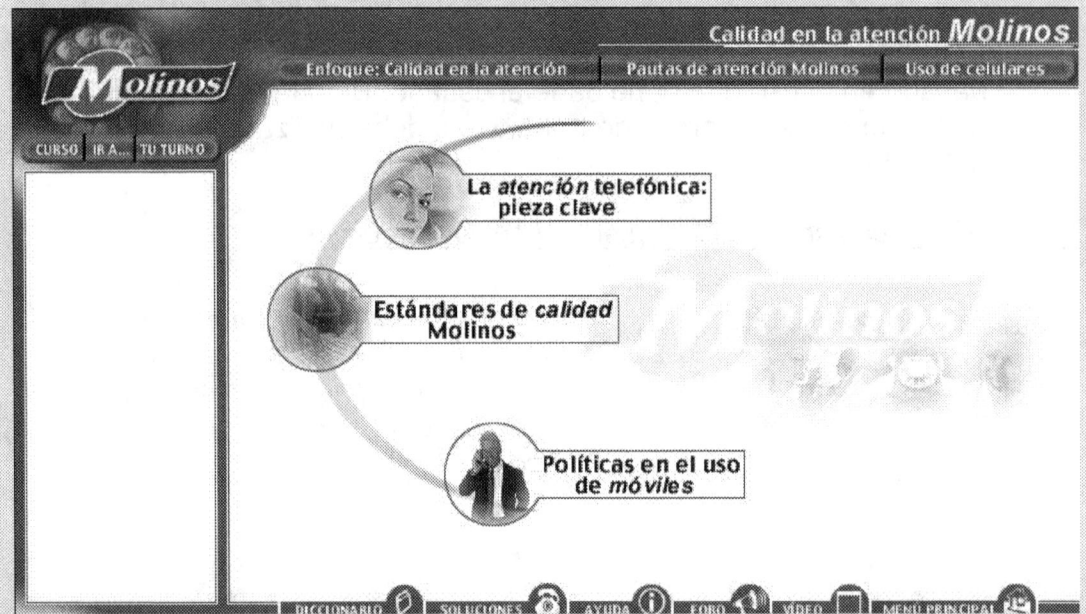

Una vez que haya decidido si hay o no problemas de *usabilidad*, vea la respuesta correcta al pie de esta página[117]

Diseño para colaborativo

El diseño de detalle de un curso colaborativo se centra en prever y organizar paso por paso las actividades asincrónicas y sincrónicas, de modo de facilitar el estudio e interacción independiente de los estudiantes y la coordinación por el profesor facilitador.

Sobre la base del documento de diseño general presentado en el Capítulo 2[118], el diseño colaborativo debe incluir el *diseño de curso*, el *programa* o *Syllabus* y el *diseño de actividades* asincrónicas o sincrónicas.

---

[117] Hay problemas de usabilidad. El menu central "desaparece" al entrar en el mismo. El menu de la barra superior tiene diferentes titulos para los mismos rubros, lo que induce al usuario a confusión.

Diseño del curso

En este nivel, utilizando el documento de trabajo D3 descrito en la Tabla 18, ubicamos en el tiempo los diferentes módulos y actividades del participante. Por lo general, los cursos colaborativos dividen sus planes de curso en semanas, ya que este formato permite a los estudiantes ver más claramente la organización de sus actividades en el Syllabus.

La investigación y experiencia en cursos online colaborativos indica que los factores más críticos para un curso colaborativo efectivo son:

1. Contar con estándares de trabajo diario
2. Plazos, fechas y deliverables claramente establecidos
3. Feedback frecuente

El diseño de detalle del curso permite definir con claridad estos elementos en una secuencia temporal, constituyendo la base para una colaboración productiva y estimulante tanto para los alumnos como para el docente facilitador.

En este "cronograma" del curso a desarrollar, el diseñador debe precisar para cada semana:

1. Objetivos que debe lograr el participante
2. Actividades del participante:
   a. Individuales
   b. Grupales
   c. Generales
3. Productos o obtener de estas actividades o deliverables
4. Criterios de evaluación (Rúbrica)

En la Tabla 18 podemos ver un ejemplo de diseño de detalle de un curso de Formación de equipos de estudio online, en el que se detalla el proceso de la primer semana de curso.

Tabla 18: Documento de diseño del curso

Plan de Curso (Colaborativo)

Curso:_*Formación de equipos de estudio online*___ Área: *Educación a Distancia__* Fecha / Versión: *07/06/07, v.1.*

---

[118] Descargar Planilla de Diseño D2 de URL:
http://www.expert2business.com/itson/DisGeneralD2.doc

Período	Objetivos: Al terminar este período, los participantes estarán en condiciones de:	Actividades del participante (Ref: Métodos[119])			Productos a obtener o deliverables	Evaluación
		Individual	En Equipo	En clase general		
Semana 1	Identificar los factores clave para el éxito de un equipo de estudio online	2. .Lectura (asincrónico) 7. Discusión sobre la lectura	16. Auto evaluación equipo (asincrónico) 3.Investigación sobre virtual teams (asincrónico)	1. Clase virtual (sincrónico)	1. Factores clave para un equipo online (tarea individual) 2. Diagnóstico de madurez y necesidades del equipo (tarea grupal)	Rúbrica paper Rúbrica equipos

Descargar Planilla D3[120]

Syllabus

El Syllabus o programa es un elemento clave del curso colaborativo online que contiene todas las especificaciones desarrolladas en el diseño de detalle, presentadas en forma clara para el estudiante.

Un Syllabus debe incluir los siguientes elementos y definiciones:

1. **Información sobre el curso:**
    a. *Código:*
    b. *Título:*
    c. *Fecha de Inicio:*
    d. *Fecha de Finalización:*
    e. *Textos requeridos:*

2. **Información sobre el coordinador:**
    a. **Nombre, grado:**
    b. **E-Mail:**
    c. **Canal de contacto sincrónico (IM, teléfono):**
    d. **Disponibilidad sincrónica (días/horario):**

---

[119] Ver Capitulo 2, Tabla 11 (Métodos Asincrónicos) y Tabla 12 (Métodos Sincrónicos). Hemos utilizado en el ejemplo la numeración de estas tablas para facilitar la identificación de los métodos

[120] Descargar Planilla de Diseño de Detalle para Colaborativo de URL: http://www.expert2business.com/Docs/Plandecursocolaborativo1.doc

    e. Biografía/Introducción personal:

3. **Bienvenida e introducción al curso**
4. **Programa del curso**
    a. Objetivos Generales
    b. Módulos (objetivos)
    c. Cronograma
        1. General
        2. Semanal
5. **Áreas de la plataforma**

Área	Sección	Función y contenido

6. **Estándares de estudio y participación:**

    a. **Participación semanal requerida:**
        ❑ Frecuencia
        ❑ Extensión
        ❑ Calidad

    b. **Respuestas en Foros de Discusión**
        ❑ Estilo
        ❑ Extensión
        ❑ Frecuencia
        ❑ Calidad

    c. **Attachments**

7. **Estándares para grupos de aprendizaje:**

a. Propósito
b. Normas y contrato
c. Productos
d. Evaluación

8. Entregas fuera de plazo:
9. Integridad académica:
10. Confidencialidad y derechos sobre el material:
11. Sistema de calificación:

Puntaje	Grado	Puntaje	Grado
95+	A	74-76	C
90-94	A-	70-73	C-
87-89	B+	67-69	D+
84-86	B	64-66	D
80-83	B-	60-63	D-
77-79	C+	<59	F

12. Puntaje por tipo de actividad:

a. Trabajo individual (___ %):

Componente	Puntos
Producto semana 1	
Producto semana 2	
Producto semana 3	
Producto semana 4	
Producto semana 5	
Producto semana 6	
Participación	
Respuestas en Foro de discusión	
Síntesis semanal	

b. Trabajo en equipo (___ %):

Componente	Puntos
Producto semana 1	
Producto semana 2	
Producto semana 3	
Producto semana 4	
Producto semana 5	
Producto semana 6	
Participación en grupo de aprendizaje	

13. Asignaciones y plan de trabajo semanal

Semana	Objetivos	Lecturas
1		
2		
3		
4		
5		
6		

14. Calendario de productos a entregar y fechas:

Semana	Fechas de entrega	Individuales	Equipos
1			
2			
3			
4			
5			
6			

Descargar Planilla D4 (Syllabus)[121]

Diseño de Actividades Colaborativas

Sobre la base del plan de curso colaborativo definido en la Planilla D3, el diseñador o profesor desarrollador debe generar un plan detallado de las diferentes actividades a desarrollar cada semana. Este plan detallado servirá para determinar los materiales concretos a producir y ubicar en la plataforma del curso y la forma en la que serán utilizados.

A diferencia de la modalidad de autoestudio, la modalidad Colaborativa requiere la participación de profesores facilitadores que deben guiar y

---

[121] Descargar planilla de Syllabus de URL:
http://www.expert2business.com/itson/TallerTS4Doc1.doc

coordinar las diferentes actividades con estudiantes y grupos de estudio que participan a distancia, a través de la plataforma.

Tanto el docente facilitador como los estudiantes deben contar por tanto con un plan detallado de actividades que asegure que la calidad, contenido y dinámica del curso original se mantienen intactas a pesar de múltiples dictados simultáneos.

La Tabla 19 muestra los elementos de un plan de actividades colaborativas detallados.

Tabla 19: Plan de Actividades Colaborativas (ejemplo)

Diseño de actividades colaborativas
(ejemplo)

Periodo:_Semana 1_ **Unidad de aprendizaje**-Modulo:_1_
Actividad # _3_: *Discusión sobre ventajas y desventajas de diferentes métodos de aprendizaje online*
Objetivo/s: Al terminar este período, los participantes estarán en condiciones de:

- ❑ *Identificar ventajas y desventajas de diferentes métodos asincrónicos y sincrónicos*
- ❑ *Seleccionar métodos adecuados para diferentes objetivos de aprendizaje usando como criterio las ventajas y desventajas identificadas*

Descripción - pasos	Actividades del participante		Recursos a preparar
	Tarea individual (TI) o grupal (TG) de aprendizaje	Producto – estándares	
1. *Lectura y exploración de recursos sobre métodos asincrónicos y sincrónicos*	1. *Leer y explorar los links de la sección contestando un cuestionario guía*	*Responder el 100% del cuestionario guía*	❑ *Artículos-links* ❑ *Cuestionario guía*
2. *Discusión en Foro general*	2. *Responder a 4 preguntas de discusión general*	*Debe responder a 3 de las 4 preguntas en no menos de 120 palabras con contribuciones significativas y de acuerdo con las normas de estilo académico*	❑ *Definición de "contribución significativa" en syllabus y Rúbrica*
3. *Completar*	3. *Responder a 4 series de*	*Debe presentar en el Foro un análisis de*	❑ *Guía para análisis de las respuestas a los 4 problemas*

cuestionario online de autodiagnóstico	objetivos seleccionando los métodos adecuados a los objetivos planteados y escribir un comentario de la experiencia en el Foro de discusión comentando los errores y aclaraciones.	su performance en el que explique correctamente las razones de posibles errores o aciertos siguiendo la pregunta guía.	planteados
4. Preparar un plan de trabajo sobre objetivos dados	4. Dados 4 objetivos de aprendizaje, seleccionar y proponer métodos sincrónicos o asincrónicos, justificando sus opciones en base a los conceptos tratados.	Term paper definiendo métodos para los objetivos dados y fundamentando las opciones en bibliografía, criterios y un texto explicativo conforme a normas de estilo de no menos de 500 palabras.	❑ Pautas de selección de métodos ❑ Lectura sobre métodos asincrónicos y sincrónicos. ❑ Normas de estilo ❑ Rúbrica para paper

Planilla de Diseño Colaborativo[122]

En cursos más complejos, el profesor desarrollador, a cargo del contenido, produce el diseño de curso y en ocasiones, el profesor facilitador, a cargo del dictado del curso, genera el diseño de actividades.

Asignaciones y plan de estudio colaborativo

El Syllabus es un documento de uso interno para el profesor desarrollador del curso colaborativo.

Un estudiante online encontrará difícil y confuso el buscar informacion en el Syllabus o recorrer todas las secciones del LMS.

---

[122] Descargar Planilla de Diseño Colaborativo de esta URL:
http://www.expert2business.com/Docs/Actividadescolaborativasdesigntemplate.doc

Por desgracia, muchos programas online cometen este error básico de usabilidad y pierden a muchos estudiantes de este modo en las primeras semanas[123]

Para evitarlo, debe proveerse al estudiante con un unico punto de busqueda donde estén integrados por hipervínculos accesos a todos los puntos que debe recorrer durante el programa.

Un *Plan de Estudio* o *de Asignaciones* debe contener

1. Una columna de asignaciones con enlaces de acceso a los sectores en que deben realizar los trabajos individuales o grupales
2. Fechas de entrega
3. Enlaces de acceso a lectura, bibliografia o materiales

Figura 37: Plan de Estudio o Asignaciones (Ejemplo)

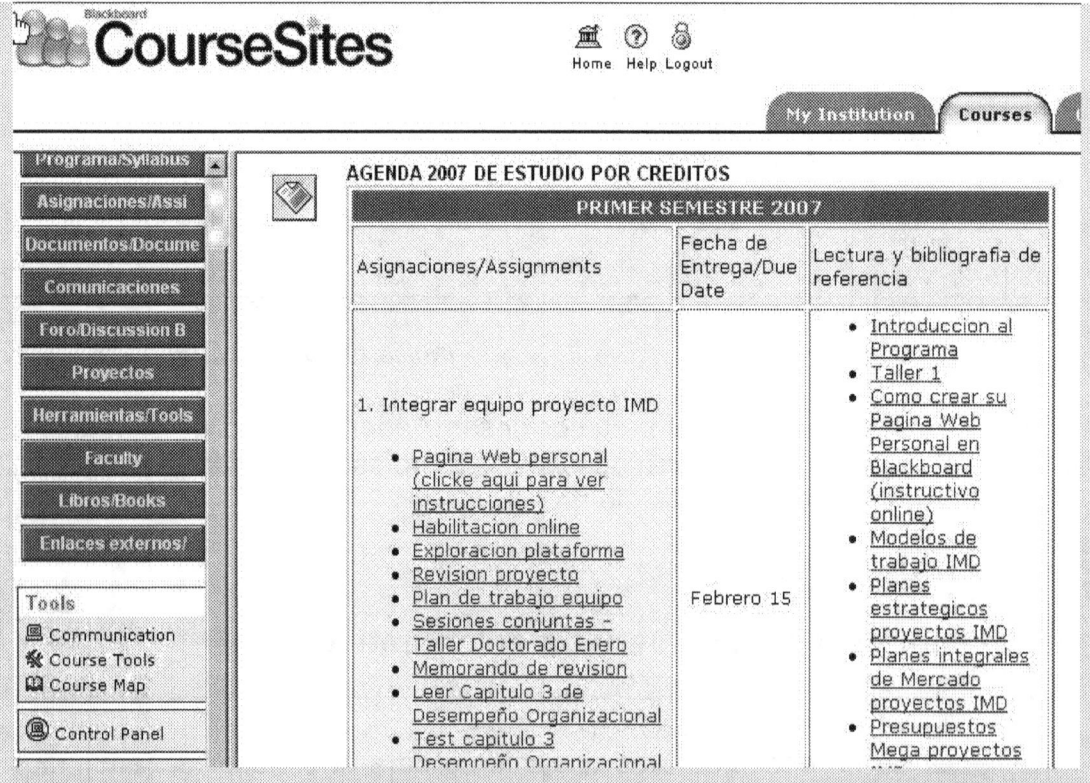

El estudiante tiene definidas en este plan de estudio: las asignaciones a realizar, la fecha de entrega y la lectura o bibliografia a utilizar. Cada enlace conduce a un sector de la plataforma donde se encuentra el material y las

---

[123] Nuestra experiencia docente en *University of Phoenix online* en inglés y en programas de *ITSON* en castellano indica que entre un 15 y un 30% de los estudiantes abandona en las dos primeras semanas, y que esto se debe a problemas para encontrar el material y navegar en un 85% de los casos.

instrucciones para la tarea.
De este modo, el estudiante sólo tiene que aprender a acceder a esta zona del LMS regularmente y seguir los enlaces y sus instrucciones desde allí.
Del mismo modo, todo lo que el docente facilitador tiene que hacer es usar los mismos enlaces para acceder a los trabajos entregados y dejar como respuesta su realimentacion a los mismos

Para apoyar este plan de trabajo, deben realizarse hipervinculos desde cada linea de instrucciones del Plan de Estudio o de Asignaciones a las secciones del LMS donde se encuentran los materiales o areas de trabajo.

Estas pueden ser

1. Areas de documentos de lectura en la plataforma LMS o enlaces a documentos externos en el Internet
2. Areas de foros de discusion

Las Figura 38 y 39 muestran ejemplos de áreas de documentos y de foros de discusion en Blackboard.

Figura 38: Ejemplo de acceso a un foro desde la seccion Plan de Estudio o Asignaciones

En este ejemplo vemos como el estudiante, al clickar en el Plan de Estudio, enlace "Plan de trabajo Equipo" , es dirigido al foro de "Organizacion de equipos de trabajo" en otra sección de la plataforma, donde puede colocar su trabajo.

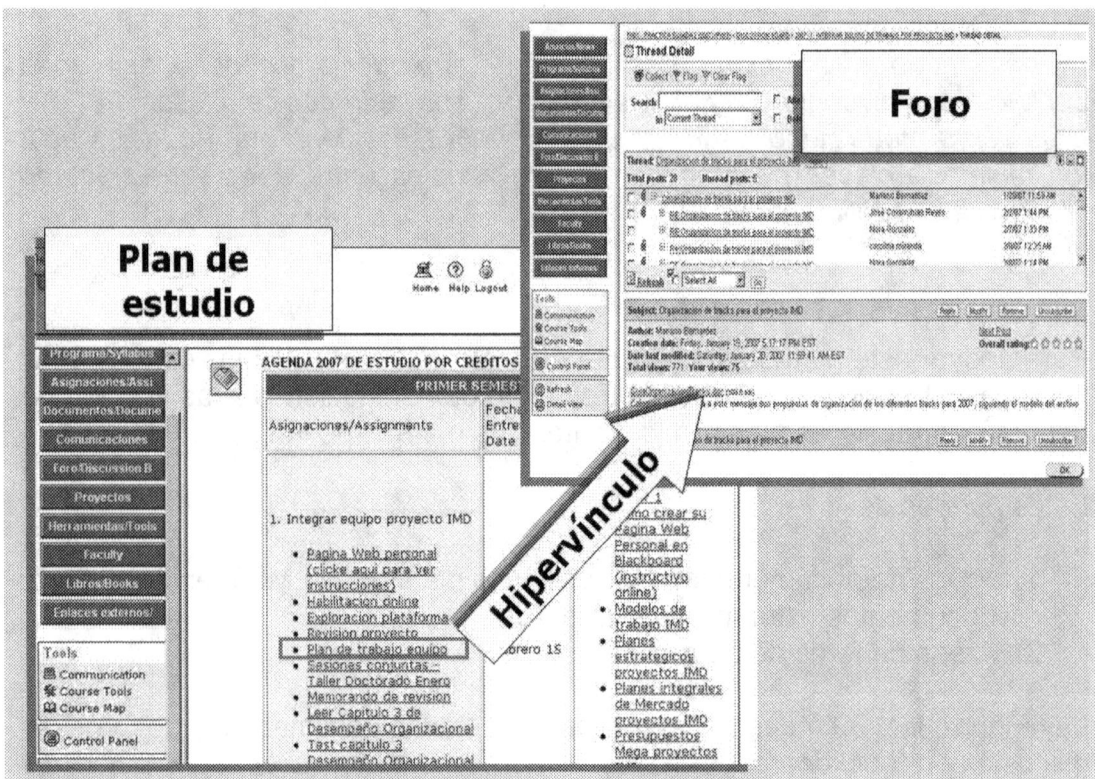

*Al acceder a este foro, los alumnos pueden colocar sus trabajos –en este caso como equipo- en respuesta (boton **Reply**) al mensaje o pregunta que el instructor ha previamente colocado en la parte inferior (fondo celeste)*

Para construir los hipervinculos, todo lo que el desarrollador debe hacer es obtener la URL relativa[124] de la seccion del LMS a la que queremos enviar al estudiante.

La Figura 39 muestra los 3 simples pasos para obtener una URL relativa.

---

[124] Más informacion sobre URL relativa en Capitulo 4, Produccion. En este caso, la URL relativa es la direccion interna en el mismo LMS de la sección a la que queremos llegar.

Figura 39: Obteniendo la URL de la seccion a la que queremos enviar al alumno

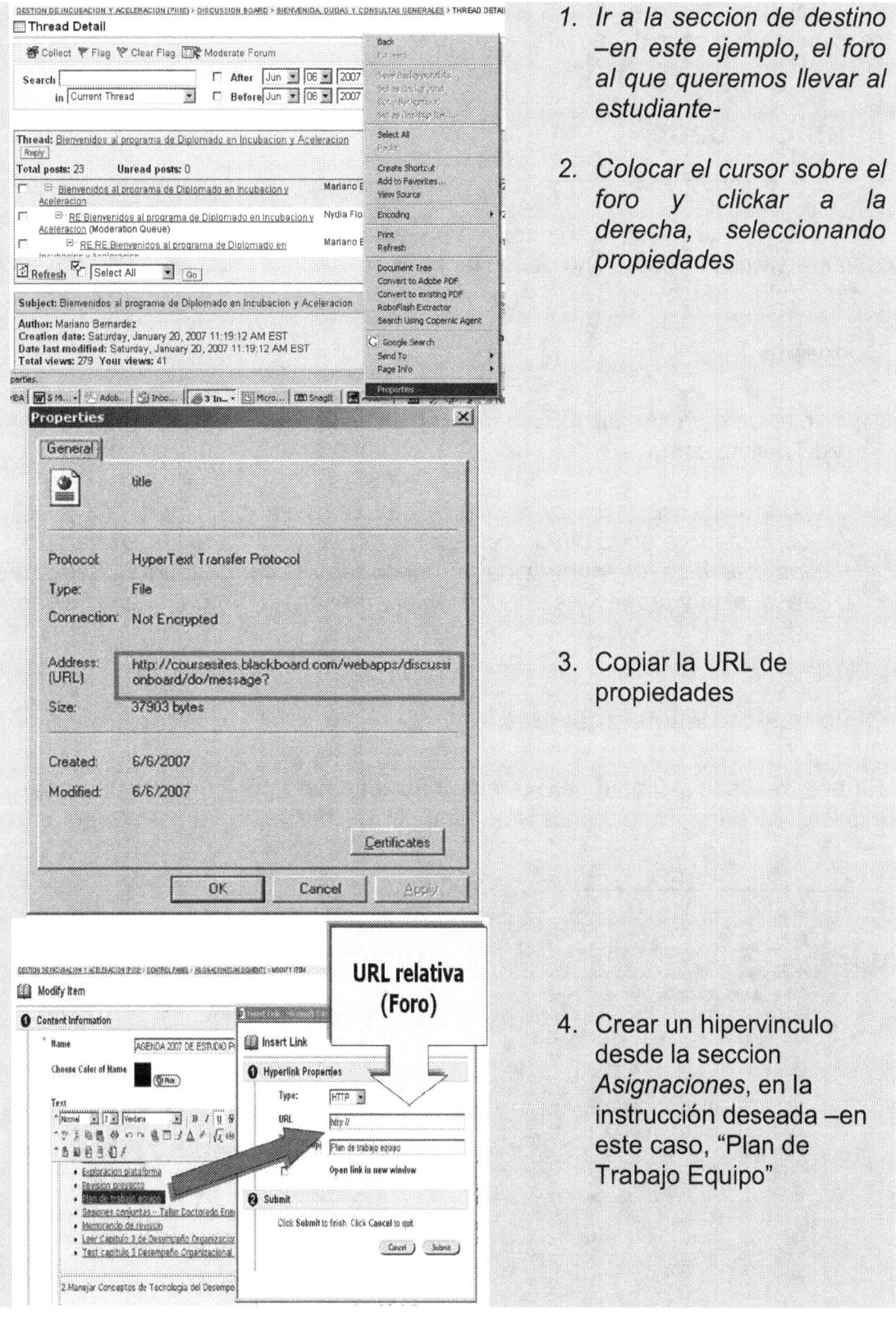

1. *Ir a la seccion de destino –en este ejemplo, el foro al que queremos llevar al estudiante-*

2. *Colocar el cursor sobre el foro y clickar a la derecha, seleccionando propiedades*

3. Copiar la URL de propiedades

4. Crear un hipervinculo desde la seccion *Asignaciones*, en la instrucción deseada –en este caso, "Plan de Trabajo Equipo"

En el Capitulo 4 de este libro encontrará más instrucciones sobre el uso de los LMS Blackboard y Saeti2 así como la creación de hipervínculos entre secciones y los usos de las diferentes funciones.

Interactividad

La literatura y la investigación sobre aprendizaje online coinciden en señalar la *interactividad*[125] como uno de los factores clave para obtener resultados de aprendizaje.

Concepto

En su clasica obra *Making CBT happen* (1987), Gloria Gery define Computer Based Training como:

> *"Una experiencia de aprendizaje interactiva entre un aprendiz y una computadora en la que la computadora proporciona la mayor parte de los estimulos, el aprendiz debe responder y la computadora analiza la respuesta y provee realimentacion al aprendiz." (Op. Cit., Capt 1., Pag. 6)*

Ciclo basico de interactividad

En una secuencia simple de interactividad tenemos, por tanto, cinco pasos: explicar el principio o concepto, ejemplificar haciendo que el programa

---

❑ [125] *In a distance education context interactivity is a way to describe the dialogue or discourse between two or more participants mediated via communication technology.Interactivity is usually described as being either asynchronous (different time) or synchronous (same time) as well as being peer-peer and learner-teacher. A communication medium with less transactional distance is likely to be more interactive. cde.athabascau.ca/cmc/glossary.html*

- *An program feature that requires the learner to do something. Should help to maintain learner interest, provide a means of practice and reinforcement. Poor quality interactivity = clicking the right arrow to continue and challenging true/false questions. Good interactivity = open questions, simulations, instructional games, tools and calculators. Remember, engage the mind not the mouse finger! e-learningguru.com/gloss.htm*
- *Interactive web pages change in some way in response to the user's actions. Simple changes which need to happen fast usually use javascript or flash while more complicated interaction (which can wait for a new page to load) uses server-side programming. BackBack to main documentinternet lynx www.internetlynx.com.au/glossary.html*

demuestre como se aplica, hacer aplicar al usuario, analizar la respuesta, proveer feedback y reiniciar el ciclo explicativo.

Otra variante, llamada ciclo inductivo, comienza con la presentacion de un ejemplo, aplicación o demostracion de la ejecucion por el programa, hacer ejecutar lo mismo al usuario, analizar, realimentar y explicar el concepto.

Figura 40: Ciclos de interactividad explicativo e inductivo

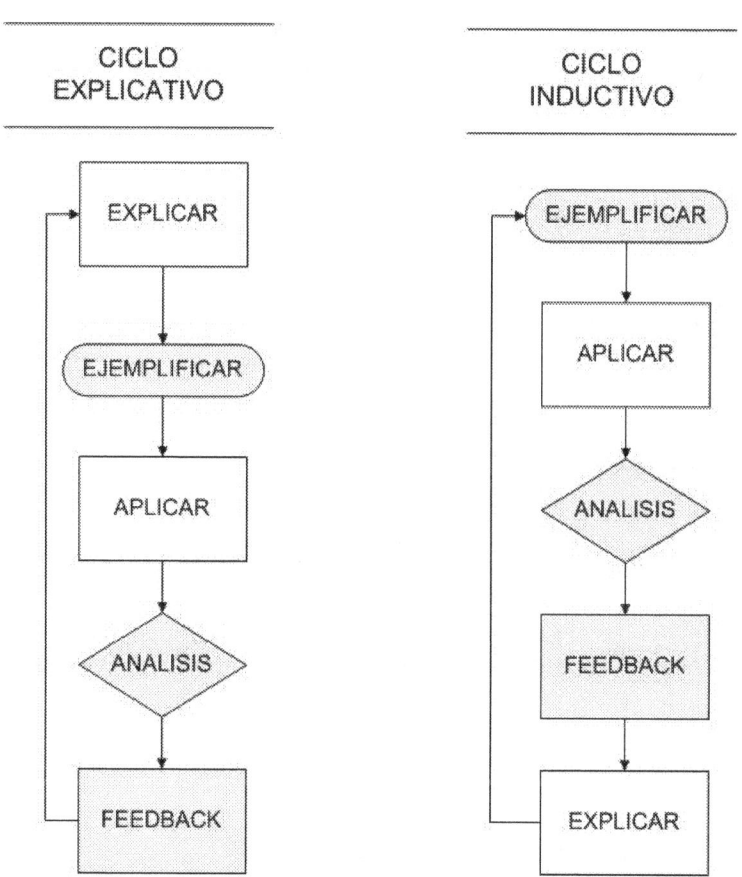

El ciclo explicativo es más apropiado para usuarios sin conocimientos previos pero altamente predispuestos a recibir una explicacion conceptual, mientras que el inductivo tiene más efectividad con usuarios con conocimientos previos y no muy predispuestos a recibir una explicación.

Las interacciones simples se combinan en ciclos de navegacion, que pueder ser de tres tipos: *lineal, ramificado* o *libre*.

Interactividad de navegación lineal

Durante la interactividad de navegacion *lineal* –Figura 41- el usuario es conducido por el programa del inicio al fin sin posibilidad de otro cambio que no sea el interrumpir o abandonar. Los errores le envian hacia atrás, para repetir los modulos hasta poder conformar los criterios de las revisiones.

Figura 41: Interactividad de navegación lineal

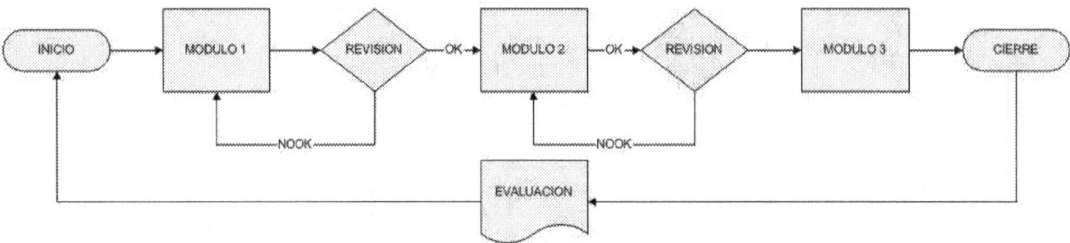

El usuario está más limitado y condicionado en su avance por el programa, que no le permite variar, saltear o dar por superados contenidos. El programa opera como una secuencia de *Power Point* o de video.

Interactividad de navegación ramificada

En la interactividad de navegación *ramificada* –Figura 42- , el usuario puede elegir entre usar o no modulos y hacerlo en diferente orden.

En este tipo de interactividad, el usuario pasa por un menu o un test preliminar para ayudarle a elegir el modulo mas adecuado a sus necesidades.

Figura 42: Interactividad de navegación ramificada

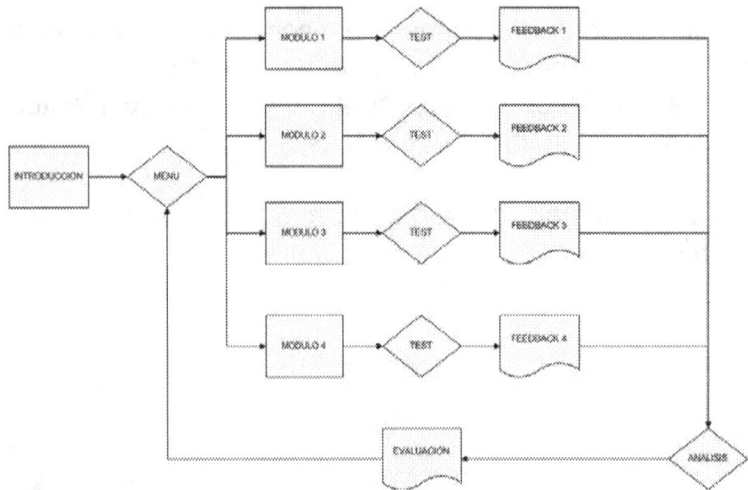

Este tipo de interactividad se utiliza con usuarios de mayor nivel de conocimientos, o en los casos en los que es preciso fragmentar el programa educativo en unidades autosuficientes de menor duración sin dejar de monitorear el control del aprendizaje.

La interactividad de navegacion ramificada permite mayor reutilizacion de sus componentes.

Interactividad de navegacion libre

Finalmente, en la interactividad libre -Figura 43-, el usuario tiene absoluto control del uso de todos los elementos del program, eligiendo entre su uso educativo, de consulta rápida o acceder directamente a datos o herramientas.

Figura 43: Interactividad de navegación libre

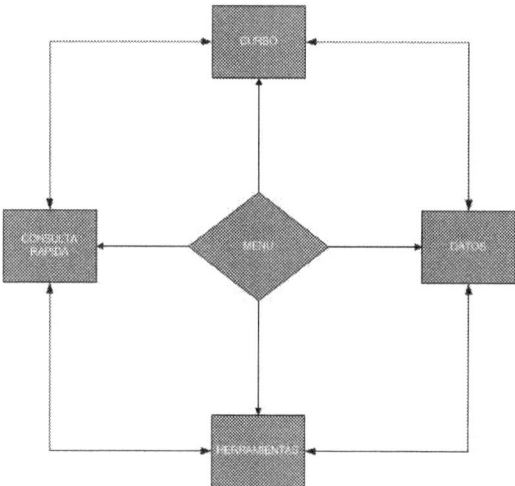

Interactividad en autoestudio

La interactividad en un curso o actividad de autoestudio se caracteriza por:

1. Requerir la *intervención del estudiante* en forma frecuente y variada
2. Requerir al estudiante *acciones* que requieren no solamente actividad psicomotriz, como clickar o dragar objetos, sino *actividad intelectual de nivel superior*, como resolver problemas, ordenar, clasificar o combinar elementos siguiendo un criterio que ha sido previamente explicado.
3. Introducir un concepto o habilidad con un ejercicio práctico (orden inductivo) o aplicarlo en forma inmediata a una situación realista (orden deductivo)
4. Proveer feedback oportuno, formativo y que agrega conocimiento

5. Proveer feedback que guía para la mejora y el estudio adicional
6. Presentar ejemplos y situaciones realistas, que favorecen la aplicación a la realidad del estudiante

La Tabla 20 presenta un checklist para verificar e incrementar el grado de interactividad de una pantalla de autoestudio

Tabla 20: Checklist de interactividad (autoestudio)

Factor	Grado (1= Muy Bajo, 2 = Bajo, 3= Medio, 4= Alto; 5= Muy alto)	Aspectos a mejorar Sugerencias concretas
1. El estudiante tiene una interacción cada 2 o 3 pantallas	1 2 3 4 5	
2. La interacción requiere al estudiante actividad intelectual superior	1 2 3 4 5	
3. La interacción requiere resolver problemas realistas y aplicables	1 2 3 4 5	
4. La interacción permite desarrollar habilidades aplicables al campo real	1 2 3 4 5	
5. La interacción es atractiva y no demasiado fácil o difícil para los conceptos o herramientas previas presentados	1 2 3 4 5	
6. El feedback es claro y preciso	1 2 3 4 5	
7. El feedback es estimulante y adecuado al nivel de madurez del participante	1 2 3 4 5	
8. El feedback es personalizado	1 2 3 4 5	
9. El feedback agrega contenido o conceptos valiosos y completa el aprendizaje	1 2 3 4 5	
10. El feedback agrega links, ilustraciones y recomendaciones para corrección	1 2 3 4 5	

Interactividad en colaborativo

A las condiciones de la interactividad definidas para actividades de autoestudio[127], la modalidad Colaborativa incorpora interacciones estructuradas y semiestructuradas entre estudiantes y entre éstos y el profesor facilitador, a través de recursos tales como:

1. Preguntas y consignas para discusión y elaboración en foros
2. Consignas de debate
3. Consignas de búsqueda en el Web o los materiales online
4. Elaboración y presentación de trabajos y proyectos individuales o grupales
5. Discusión y comentarios de aportes
6. Desarrollo y presentación de prototipos prácticos
7. Encuestas, paneles y otros mecanismos de investigación de opinión

La interactividad en la modalidad de formación Colaborativa se caracteriza por:

1. Organizar claramente la participación fijando estándares claros y adecuados
2. Definir claramente las áreas de trabajo, fuentes y plazos
3. Generar discusiones en foros que requieren investigación, lectura, análisis, elaboración y discusión por parte de los participantes
4. Generar debates basados en el análisis de la consigna y de los argumentos e información presentados por los pares
5. Generar discusiones en torno a temas aplicables, de valor agregado inmediato y visible para el estudiante
6. Estimular a los estudiantes a explorar el tema independientemente
7. El docente provee feedback de interés general y valor agregado
8. El docente modera la discusión sin avasallarla con su conocimiento

La Tabla 21 presenta un checklist para verificar e incrementar el grado de interactividad de una actividad Colaborativa.

---

[126] Checklist de interactividad de autoestudio en URL:
http://www.expert2business.com/itson/Interactividadautoestudio.doc
[127] Que deben ser consideradas al diseñar y evaluar los materiales de estudio previo de la modalidad Colaborativa

Tabla 21: Checklist de interactividad (colaborativo)

Factor	Grado (1= Muy Bajo, 2 = Bajo, 3= Medio, 4= Alto; 5= Muy alto)	Aspectos a mejorar Sugerencias concretas
1. Las instrucciones para el estudiante son claras y fáciles de encontrar	1 2 3 4 5	
2. Las secciones de trabajo están claramente señalizadas y explicadas	1 2 3 4 5	
3. Hay pautas claras del nivel de calidad de interacción deseado (número de palabras, fundamentación, estilo, referencias)	1 2 3 4 5	
4. Los participantes son estimulados o requeridos a responder a sus colegas en los foros	1 2 3 4 5	
5. Las preguntas o consignas para discusión son claras y bien estructuradas	1 2 3 4 5	
6. Las preguntas o consignas para discusión requieren investigación y lectura	1 2 3 4 5	
7. Las preguntas o consignas para discusión requieren elaboración personal	1 2 3 4 5	
8. Las preguntas o consignas para discusión requieren debate, síntesis de otras opiniones y aportes	1 2 3 4 5	
9. Las preguntas o consignas para discusión presentan problemas reales, de aplicación inmediata para el estudiante	1 2 3 4 5	
10. Las preguntas o consignas estimulan al estudiante a elaborar y/o agregar nuevos	1 2 3 4 5	

conceptos				

Descargar checklis[128]t

Aplicación individual:

❑ *Utilizando la Planilla de diseño D3[129] y siguiendo el modelo proporcionado, desarrolle el diseño de <u>Actividades del participante</u>, <u>Productos a obtener</u> y <u>criterios de Evaluación</u> para los siguientes objetivos:*

Plan de Curso (Colaborativo)

Curso:_*Formación de profesores facilitadores*__ Área: *Educación a Distancia*__ Fecha / Versión: *07/06/07, v.1.*

Período	Objetivos: *Al terminar este período, los participantes estarán en condiciones de:*	Actividades del participante (Ref: Métodos[130])			Productos a obtener o deliverables	Evaluación
		Individual	En Equipo	En clase general		
Semana 1	*Identificar los diferentes tipos de e-learning*					
Semana 2	*Preparar presentaciones online*					
Semana 3	*Desarrollar preguntas para discusión asincrónica*					
Semana 4	*Conducir una clase sincrónica*					

---

[128] Descarhar checklist de interactividad colaborativa en URL: http://www.expert2business.com/itson/Interactividadcolaborativo.doc

[129] Descargar planilla de Diseño D3 de URL: http://www.expert2business.com/Docs/Plandecursocolaborativo1.doc

[130] Ver Capitulo 2, Tabla 7, Pág. 16 (Métodos Asincrónicos) y Tabla 8, Pág. 17 (Métodos Sincrónicos). Hemos utilizado en el ejemplo la numeración de estas tablas para facilitar la identificación de los métodos

□ *Utilizando el checklist de interactividad para autoestudio (Tabla 1), analice el siguiente curso de HTML basico (URL; http://www.um.es/~psibm/tutorial/#t0) e indique:*

    a. *El puntaje que tendría en los 10 factores de interactividad*
    b. *Cambios y mejoras que propondría para incrementar la interactividad.*

Aplicacion grupal

Con su equipo de diseño, desarrolle los siguientes componentes de diseño para su curso:

□ Flujograma (si es de autoestudio) o
□ Diseño de detalle de curso (si es colaborativo)

Capítulo 4

PRODUCCION

Concepto y proceso

Una vez definida en el *diseño de detalle* la navegación, estructura, ejercicios y pantallas del curso o programa online, a nivel de plan de curso colaborativo o Flujograma y storyboard de autoestudio, los autores del curso online deben *producir* las pantallas, textos, gráficas, imágenes, ejercicios, juegos, animaciones y tests requeridos por el diseño de detalle.

Figura 44: Pasos del desarrollo de un curso online

La producción de un curso online puede ser realizada enteramente por el mismo autor, utilizando herramientas especiales para producción conocidas como sistemas autores, o por un equipo en el cual participan además programadores a cargo de producir el código requerido y diseñadores gráficos que se ocupan de producir las imágenes y *"look & feel"* de las pantallas así como las animaciones, videos u otros elementos multimedia requeridos.

La tendencia creciente en la industria es utilizar sistemas autores que minimizan la necesidad de recurrir a equipos de programación y diseño gráfico numerosos, acelerando la producción e incrementando el control que el autor del contenido o docente desarrollador tiene sobre el producto final. En este enfoque, múltiples profesores desarrolladores colaboran en el desarrollo de los contenidos con el apoyo de un diseñador gráfico y un programador para aquellos componentes que lo requieren.

Si bien en teoría y con un enfoque artesanal -que suele caracterizar primeras experiencias-, un único desarrollador podría producir por sí mismo la totalidad del curso que ha diseñado, en la práctica, es más frecuente que la producción esté distribuida entre varios desarrolladores que trabajan en equipo desarrollando módulos definidos en el diseño general y de detalle con el apoyo eventual de diseño gráfico o programación.

Dependiendo del enfoque de producción seguido, pueden utilizarse una gama de herramientas que clasificaremos en tres grupos: *herramientas básicas, sistemas autores* y *plataformas de creación de cursos*, como se detalla en la Figura 45.

Figura 45: Herramientas para la producción de cursos online

- Herramientas básicas
  - HTML-Flash-Lenguajes de uso general
  - Word
  - Power Point
  - Imagen (Snag-it, Camtasia)
  - Sonido
  - Juegos (HotPotatoes, Quandary)
  - Encuestas (Zoomerang)
  - Video streaming (Video Wave, Premiere, Presenters)
  - Aula Virtual (Centra-Webex-Elluminate)
- Sistemas autores
  - Robodemo
  - Authorware-Toolbook
- Plataformas de creación de cursos
  - Blackboard
  - SAETI
  - Learning Xpress

Herramientas básicas

El componente primario de la producción de material que será visualizado o ejecutado online es el *Hyper Text Markup Language*[131] o *HTML*[132]., que es el código que interpretan los browsers en el Internet.

A través de instrucciones conocidas como "tags", el HTML especifica la forma, posición y propiedades de los textos, imágenes y elementos que se visualizan a través de nuestro browser en archivos conocidos como p[aginas Web, cacterizados por la extensión *.htm*.

En la actualidad, la mayoría de los aplicativos de oficina, como *Microsoft Office* o *Lotus Smart Suite* pueden producir directamente versiones *.htm* de documentos originalmente producidos con *Word, PowerPoint* o *Excel*. Estos documentos .htm pueden ser instalados directamente (uploaded) utilizando un programa FTP[133] (*File Transfer Protocol*[134]) o sistema autor de HTML[135] como *Macromedia Dream Weaver*[136] o *Microsoft Front Page*[137] un en un Web Server[138] y ser visualizadas como páginas Web.

Para los propósitos de este programa, orientado a no programadores, incluiremos algunos de los elementos básicos de HTML que pueden ser de utilidad para el no programador y que utilizaremos en la producción de materiales.

Comandos HTML básicos

Los comandos de HTML son denominados "tags" (etiquetas) que indican al browser la operación a realizar.

---

[131] Mas información sobre HTML en URL:
http://www.google.com/search?hl=en&lr=&rls=GGLD,GGLD:2003-48,GGLD:en&oi=defmore&q=define:HTML
[132] Más información sobre HTML en URL: http://www.w3.org/MarkUp/Activity.html
[133] Puede descargar un programa FTP gratuito para carga de archivos Web desde esta URL: http://www.ftpx.com/
[134] Mas informacion sobre el concepto de FTP en URL:
http://www.google.com/search?hl=en&lr=&rls=GGLD,GGLD:2003-48,GGLD:en&oi=defmore&q=define:FTP
[135] Mas sobre sistemas autores en URL:
http://scout.wisc.edu/Projects/PastProjects/toolkit/webtools/authoring.html
[136] Puede descargar e instalar Dreamweaver desde esta URL:
http://www.macromedia.com/software/dreamweaver/
[137] Puede descargar e instalar Front Page desde esta URL: http://office.microsoft.com/en-us/FX010858021033.aspx
[138] Puede acceder a una lista de Web server gratuitos para subir sus archivos por este URL:
http://www.google.com/search?hl=en&lr=&rls=GGLD,GGLD:2003-48,GGLD:en&oi=defmore&q=define:Web+Server

Siguiendo el criterio de interés práctico del usuario, presentaremos los comandos en función de su uso práctico inmediato.

Colocar texto

El comando HTML para texto es:

<p> su texto <p/>.

Colocando el texto deseado entre los dos tags <p> (inicio) y <p/> (fin), indicamos al browser cómo presentar el texto. Cada <p/> indica que el siguiente texto se separa con un espacio.

Ejemplo:

<p> Lista de alumnos <p/> <p> Mónica <p/> <p> Pascual <p/> <p> Pedro<p/>
Se verá de este modo:

```
Lista de alumnos

Mónica

Pascual

Pedro
```

Colocar un enlace inmerso en el texto (embedded link)

La fórmula básica es:

<a href="*http://www.URL.com*"> titulo del enlace **<a/>**

Ejemplo:

<p> Clicke aquí para acceder a <a href="http://www.amazon.com"> Amazon <a/> <p/>

Se verá en el browser como

```
Clicke aquí para acceder a Amazon.
```

Colocar una imagen inserta en el texto (embedded image)

Para colocar una imagen alineada centralmente, se utiliza la siguiente fórmula:

<p align="center"><img src="http:/www.URL.com/suimagen.jpg"></p>

Ejemplo:

<p align="center"><img src="http://www.expert2business.com/itson/Tallersmall.jpg"><p/>

Esta imagen se vería en el browser de esta forma:

Aplicación práctica de HTML:

Coloque en la sección *Discussion Board* general, foro *Producción* un mensaje con HTML, utilizando la opción HTML como se muestra en la Figura 46:

Figura 46: Opción HTML en un foro de Blackboard

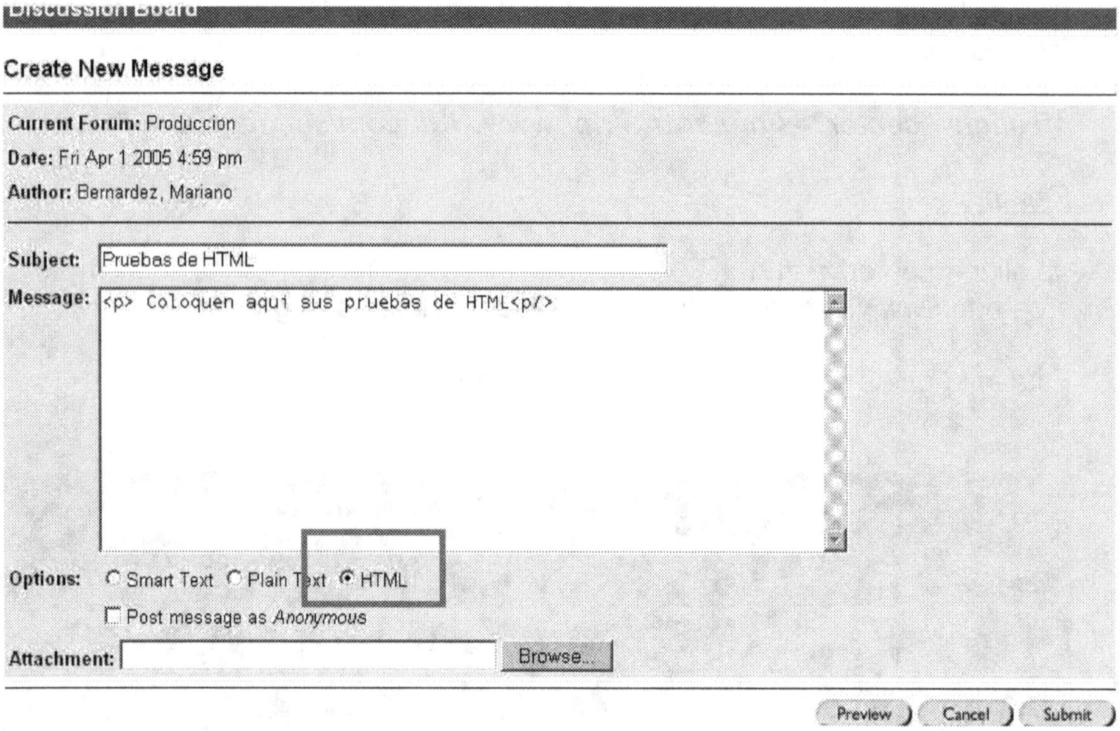

En el mensaje incluyan:

1. Un mensaje de texto entre tags <p> mensaje <p/>
2. El enlace de descarga de *Netmeeting*,
   URL: http://www.microsoft.com/windows/netmeeting/
3. La imagen centrada
   URL: http://www.pignc-ispi.com/images/misc/mexicogif.gif

Utilicen el botón *Preview* del foro para asegurarse de que el resultado es correcto.

Editores de HTML: Dreamweaver

Para crear páginas web en formato .htm en forma más rápida y libre de errores, el uso directo de código HTML ha sido reemplazado por Editores de HTML como Dreamweaver que permiten diseñar directamente la página viéndola como se desea presentar en formato WYSIWYG[139] (*what you see is what you get*). Dreamweaver[140] genera el código HTML "traduciendo" la

---

[139] Mas informacion sobre WYSIWYG en URL:
http://www.webopedia.com/TERM/W/WYSIWYG.html
[140] Recomendamos utilizar Dreamweaver, que es el estándar profesional de la industria. Puede descargarse de Macromedia y estudiarse más en detalle mediante el tutorial agregado en la sección Producción de Course Documents.

pantalla y creando directamente la página Web, como se muestra en la Figura 47.

Figura 47: Cómo Dreamweaver traduce la pantalla (parte inferior) a código HTML (parte superior)

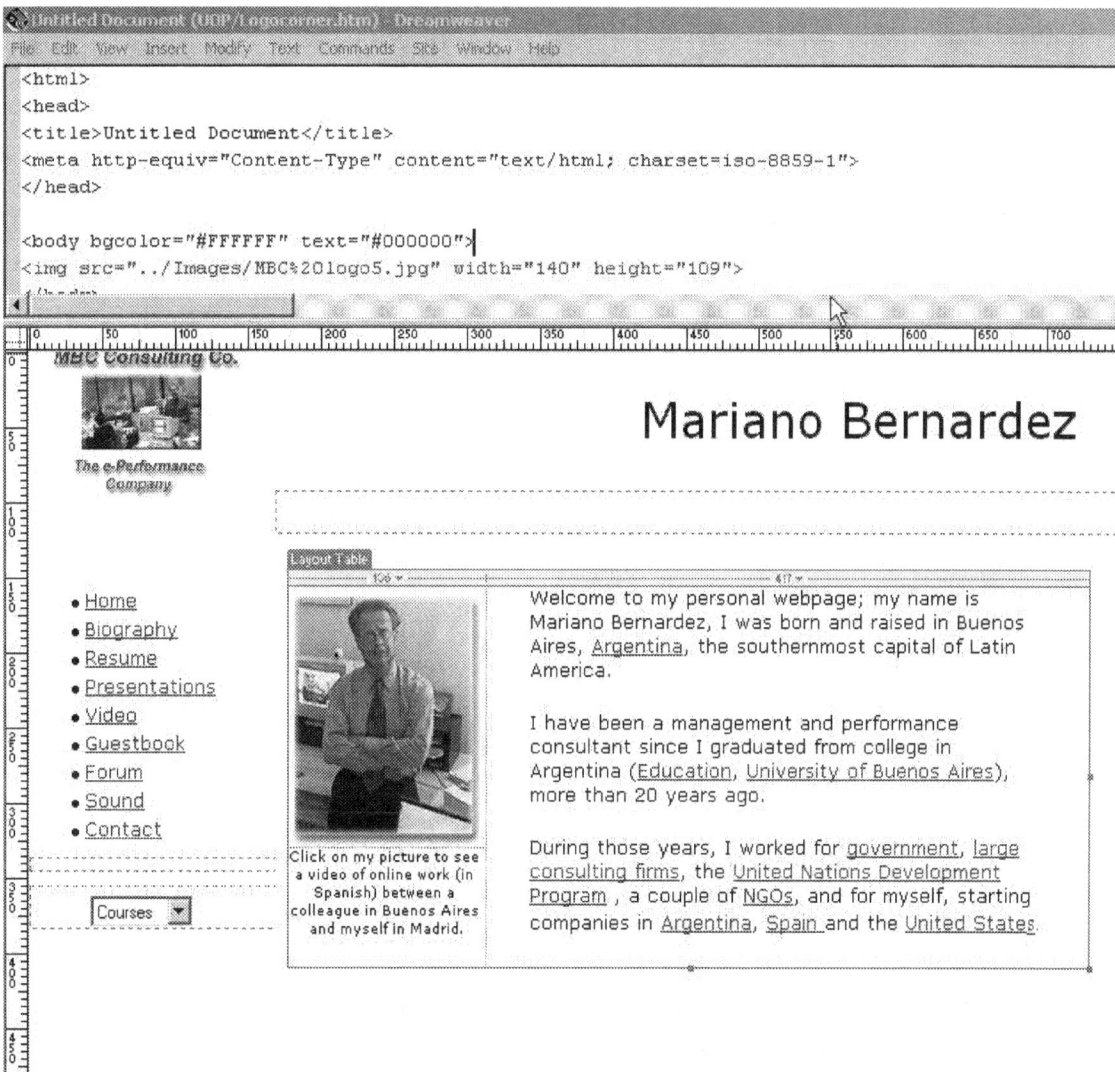

Utilizando Dreamweaver, el autor puede crear una página Web más compleja sin recurrir a programación, y colocarla en un Web Server directamente. Dreamweaver muestra simultáneamente los archivos locales en el ordenador del autor y los que se colocan en el sitio Web elegido, como muestra la Figura 48.

Figura 48: Como Dreamweaver muestra los archivos en el sitio web (izquierda) y los archivos locales en el ordenador (derecha)

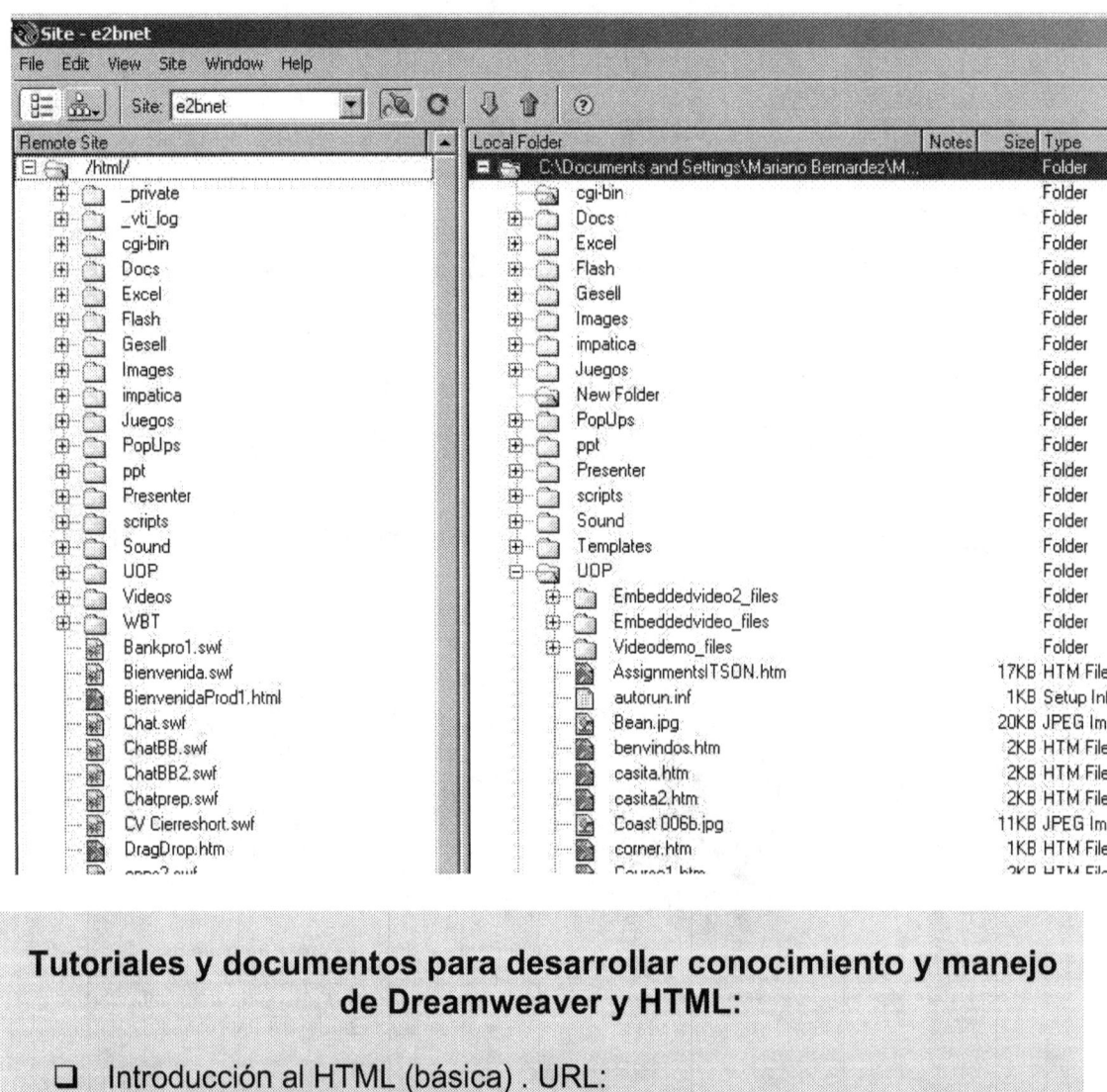

Tutoriales y documentos para desarrollar conocimiento y manejo de Dreamweaver y HTML:

❑ Introducción al HTML (básica) . URL: http://www.cwru.edu/help/introHTML/toc.html

❑ Tutorial en castellano HTML, URL: http://www.programacion.net/html/tutorial/curso/

❑ Dream Weaver y Flash Free Trial downloads, URL: http://www.macromedia.com/downloads/

❑ Dream Weaver tutorial, URL: http://wally.rit.edu/instruction/web/drw3/

Creando una página Web con Microsoft Word™

La forma más simple de crear una página Web sin utilizar HTML es utilizar un procesador de texto como Microsoft Word, en el que pueden colocarse los elementos de texto, imágenes y enlaces para luego guardarlos como Web page.

Para facilitar más la navegación, podemos insertar a la izquierda de la pantalla Word (frame) una Tabla de Contenidos (TOC). Si al crear el documento definimos títulos (headings), éstos se convertirán en hyperlinks que permitirán al lector acceder más rápidamente a los tópicos deseados, como hemos organizado en este mismo documento. [*Demo de cómo crear una TOC en Word*]

La Figura 49 muestra cómo se presenta una página Web con Tabla de Contenidos creada con Microsoft Word™.

Figura 49: Clase en formato Web con Tabla de Contenidos creada con MS Word:

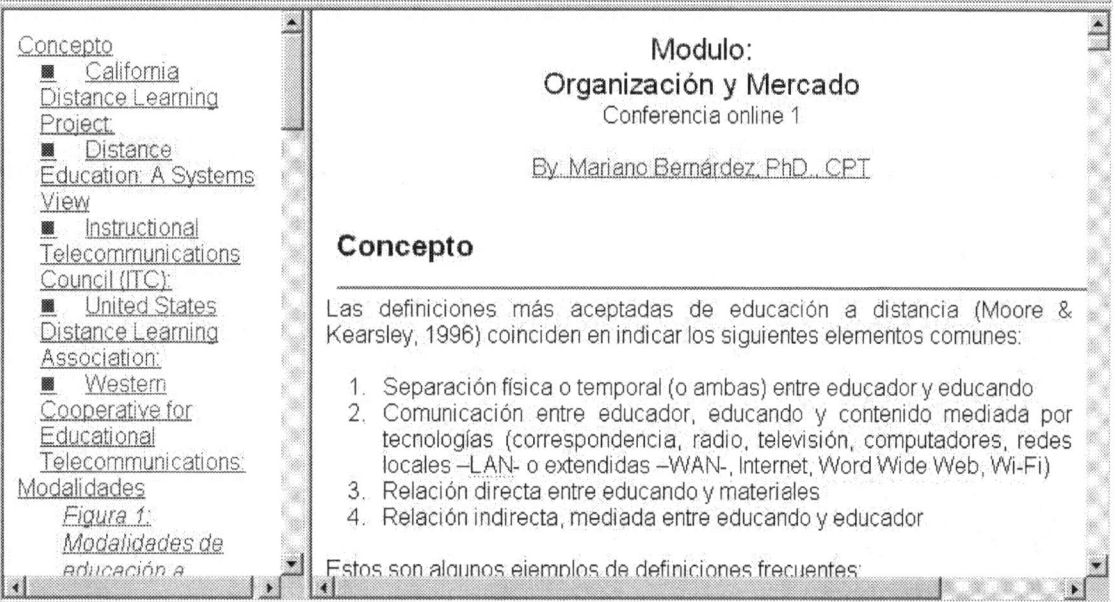

La página Web creada de este modo simple puede ser utilizada como la base o página integradora en la que se inserten hyperlinks a ejercicios interactivos, videos o animaciones configurando una clase de autoinstrucción o parte de un curso colaborativo en forma eficaz y sin necesidad de recurrir a programación compleja y costosa.

Un complemento importante para incorporar elementos gráficos es utilizar una aplicación que captura imágenes en la pantalla del ordenador y las guarda en formatos .jpg o .giff, los más adecuados para Web ,como *Snagit*[141].

Creando clases virtuales con PowerPoint™

Otra herramienta común del paquete Office, MS Power Point™, permite crear presentaciones y clases virtuales con las siguientes características:

❑ *Conversión directa en página HTML*: Utilizando el comando *Save As* y eligiendo la opción *Web page*, PowerPoint crea una versión HMTL de la presentación, que incluye una tabla de contenidos (TOC) basada en los títulos de los slides. La Tabla de Contenidos como frame independiente permite al usuario mayor control sobre la navegación del contenido, optimizando el uso del tiempo y permitiendo acceso directo a temas de mayor interés.

Figura 50: Versión HTML de Power Point con TOC:

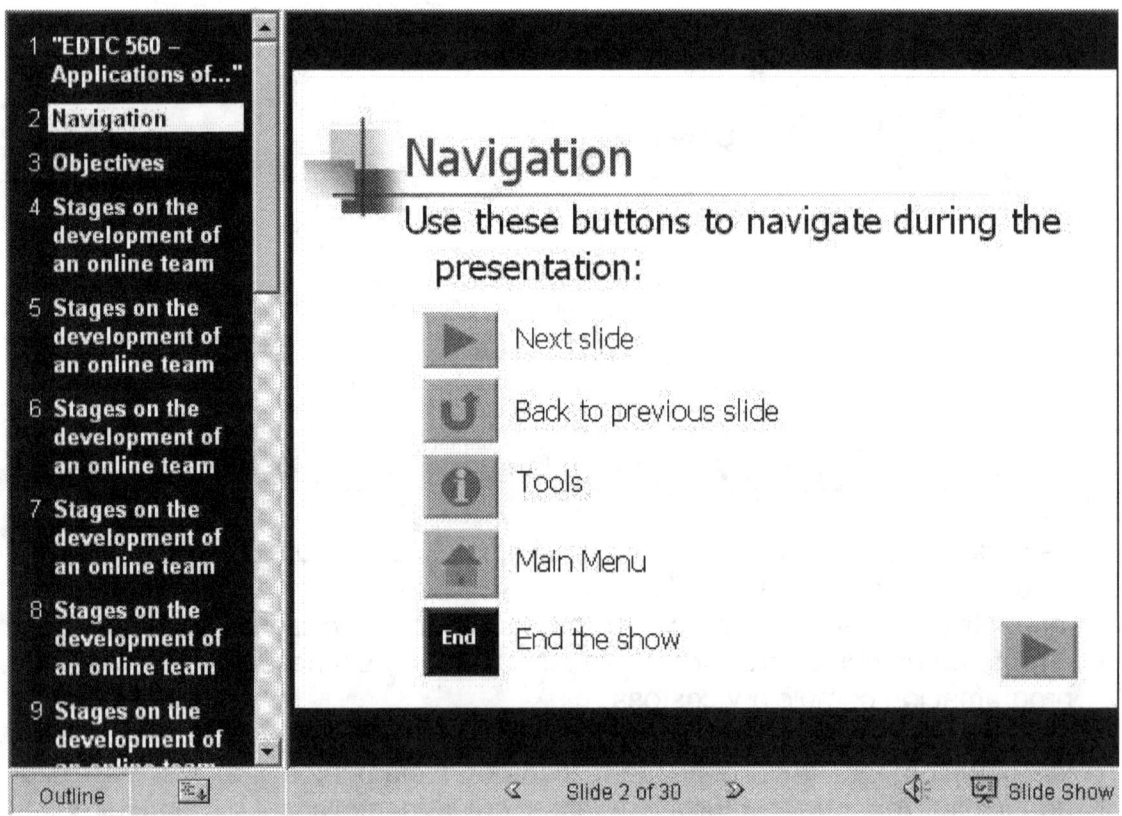

---

[141] Puede descargar version gratuita de Snagit de URL:
http://www.techsmith.com/products/snagit/default.asp

❑ _Navegación lineal o por links entre páginas_: Power Point permite crear hipervínculos o links entre objetos o textos de cada slide, como muestran la Figura 51.

Figura 51: creando links con Power Point

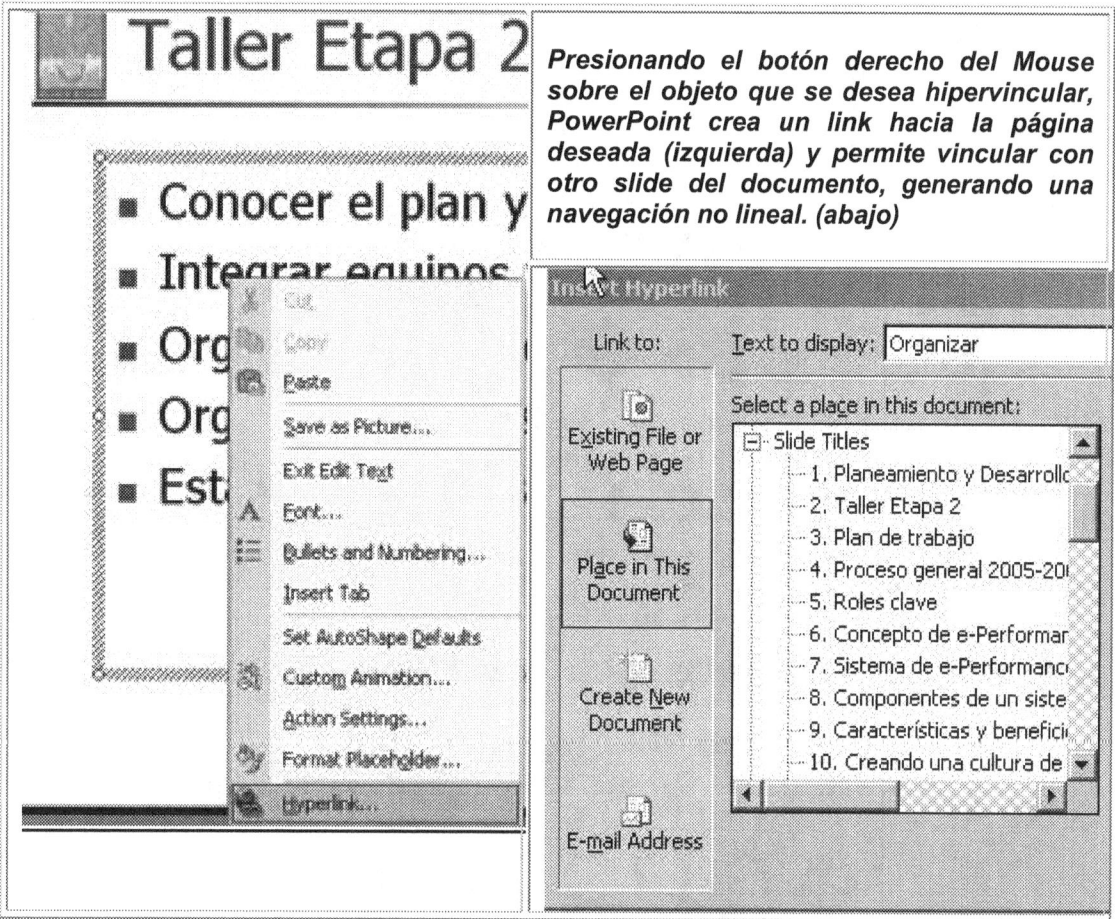

❑ _Botones interactivos que permiten diversos tipos de feedback, cuestionarios y acceso a ayudas online_: Power Point tiene un menú fijo de creación de botones que permite incluir opciones en pantalla así como crear opciones de multiple choice.

Figura 52: creación de botones

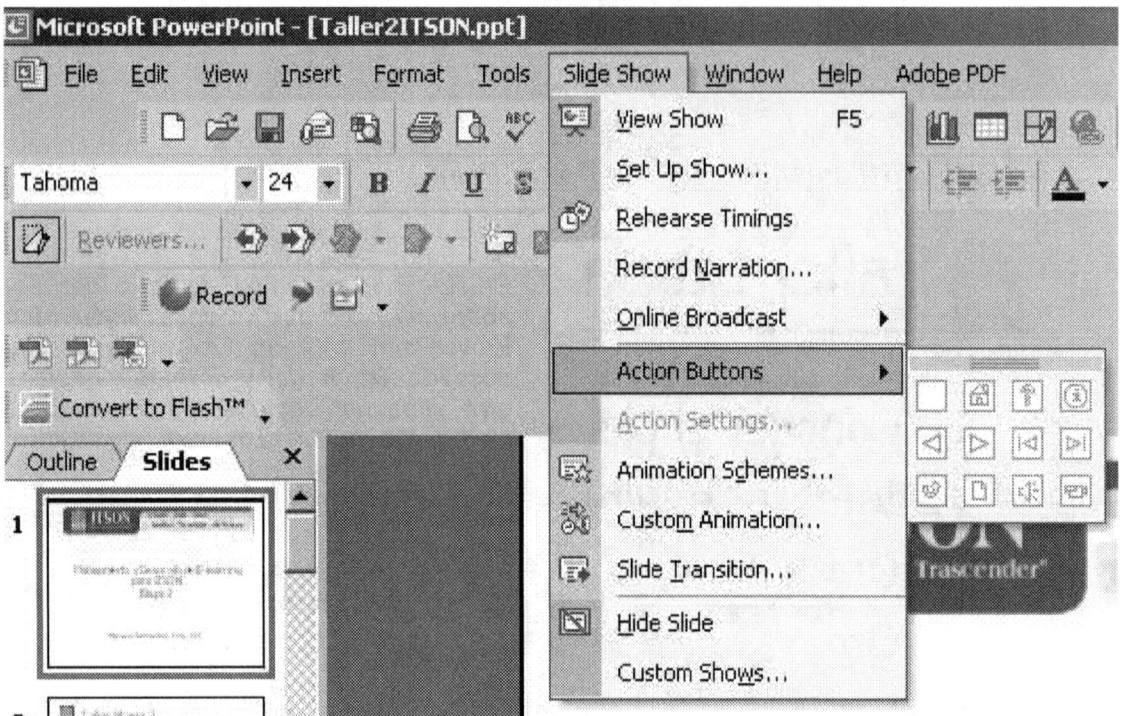

Los botones así creados se pueden colocar en el slide y programar, como muestra la Figura 53.

Figura 53: Programando botones de PowerPoint

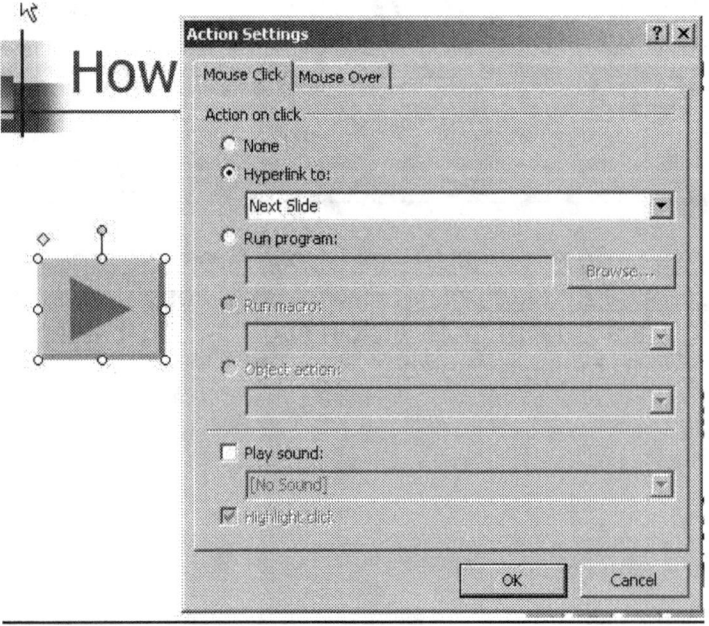

❑ *Animaciones simples:* PowerPoint permite crear animaciones y
    movimiento de los diferentes componentes de la pantalla.

Figura 54: Animaciones en Power Point

❑ *Narración con sonido sincronizado con los slides:* Power Point permite
    grabar una narración sincronizada con los slides. La opción Slide Show
    permite acceder a la función de grabación, como muestra la Figura 55.

Figura 55: Narración en Power Point

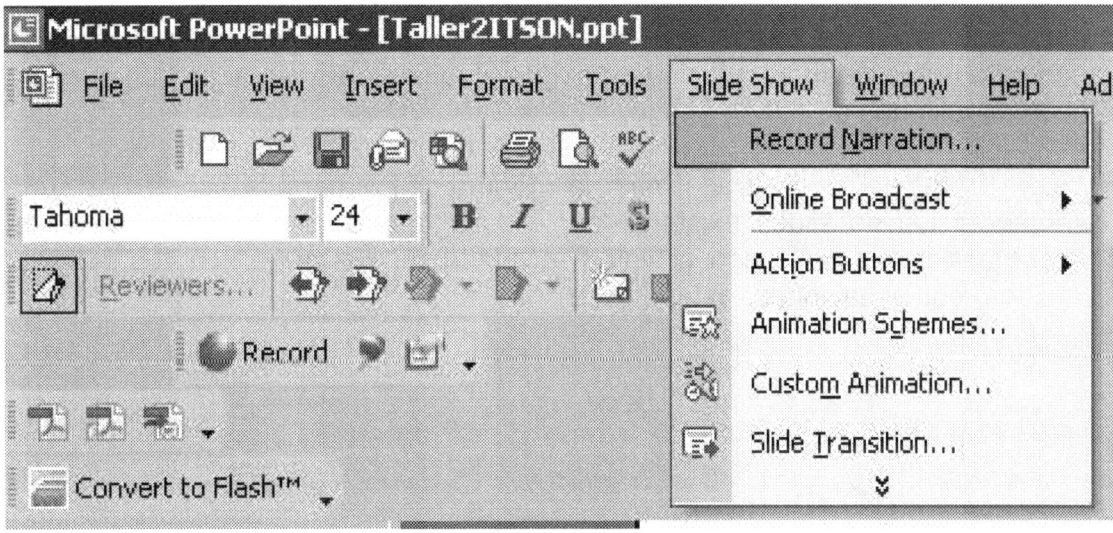

Figura 56: control de sonido en Power Point

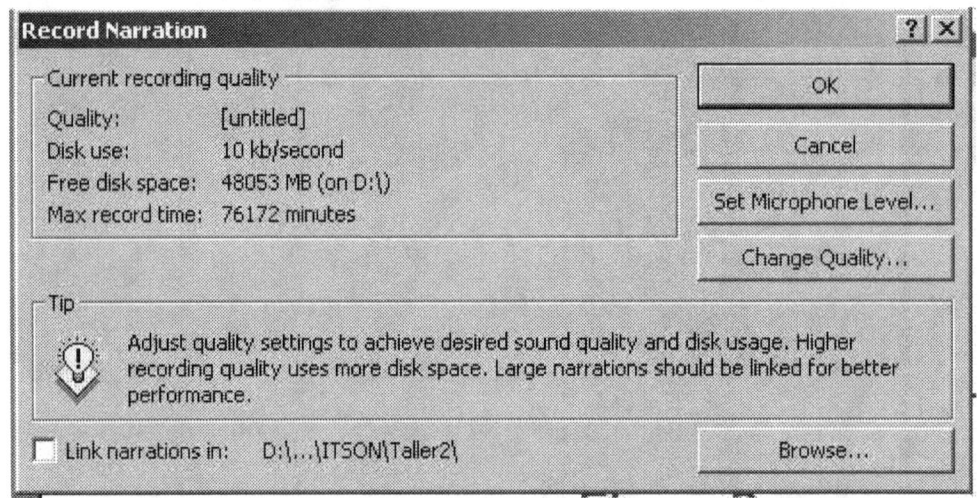

Video Streaming de presentaciones Power Point

Otras herramientas que convierten presentaciones Power Point en clases con sonido y eventualmente video son *MS Presenter, MS Producer* de Microsoft *y Real Presenter y Producer* de Real Media. Estas herramientas se basan en el proceso denominado video Streaming, que permite ejecutar archivos de video desde un Web server mientras están bajando, lo que permite una calidad aceptable de imagen y sonido para usuarios que cuentan con conexiones de banda ancha.

MS Producer[142], ilustrado en la Figura 57, permite combinar una presentación de slides existente con video capturado independientemente, generando una clase con el valor agregado de ilustrar conceptos teóricos (slides) con situaciones reales (video).

---

[142] Mas informacion sobre MS Producer en URL:
http://www.microsoft.com/downloads/details.aspx?FamilyID=1b3c76d5-fc75-4f99-94bc-784919468e73&displaylang=en

Figura 57: MS Producer combinando video con Power Point slides

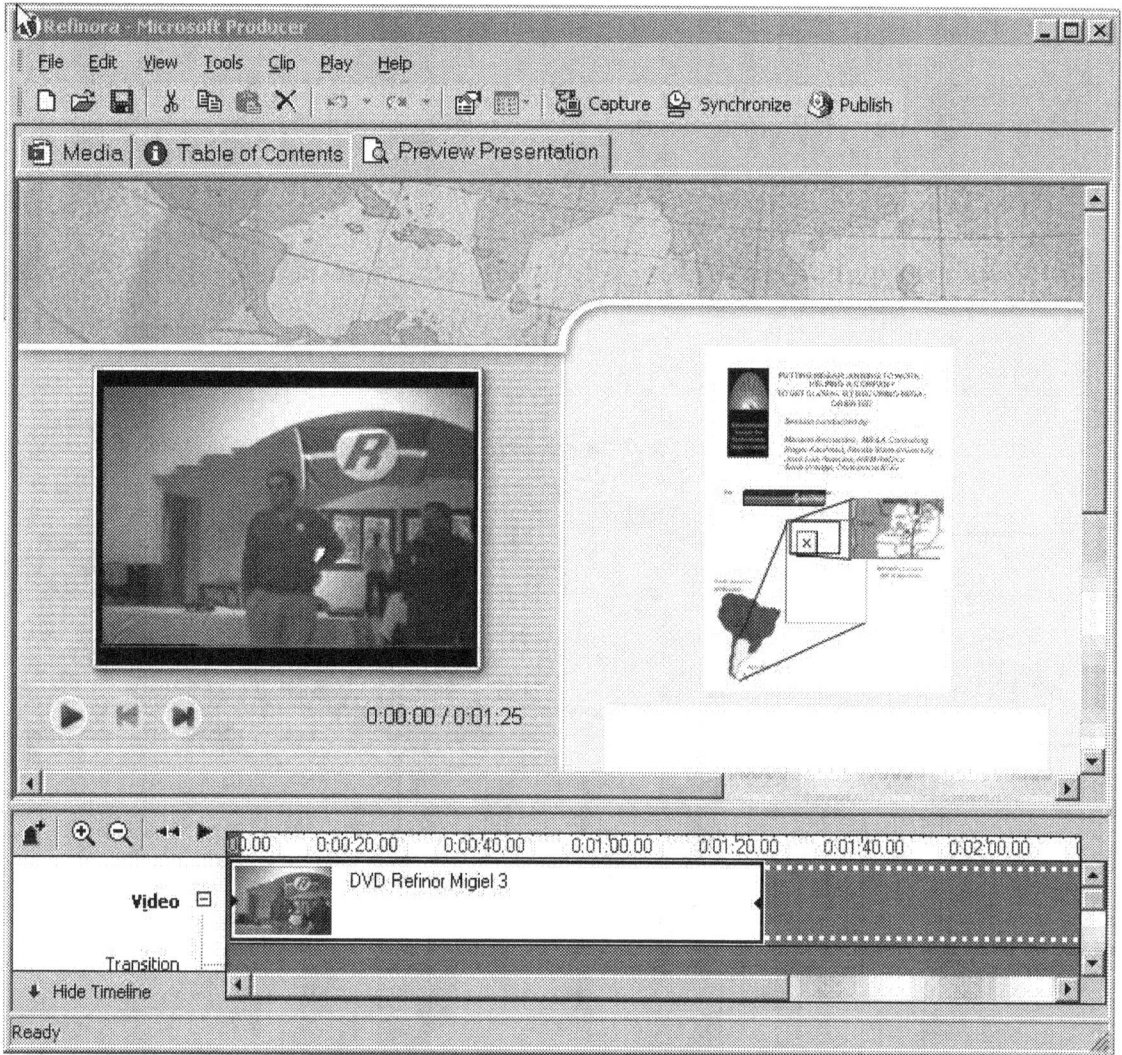

Es importante cuando se opta por el uso de esta técnica, evitar las llamadas *"talking heads"*, es decir, utilizar el video solamente para mostrar el rostro de un expositor o relator.

En estos casos, la imagen consume ancho de banda y no agrega valor, mientras que si se la utiliza para ilustrar el concepto con una aplicación práctica, como por ejemplo, mostrar cómo una persona utiliza en el contexto los conceptos discutidos, agrega interés y valor educativo.

Captura y animación de pantallas

En muchos casos, el contenido del curso online está referido al uso de aplicaciones de software o elementos del entorno virtual en el que transcurre el aprendizaje, como por ejemplo, el caso de esta clase, de tutoriales o instructivos para guiar al alumno en el uso de la plataforma de aprendizaje o al estudiante de un curso de administración de proyectos, en el uso de MS Project.

Herramientas como *Camtasia* y *Captivate* permiten capturar pantallas de software en acción y agregar narraciones que guían al alumno paso a paso.

En el caso de Camtasia, se genera un archivo de video Streaming en formatos *wmv* (*Windows Media Video*) o *rm* (*Real Media*), que puede ser editado combinando diferentes segmentos, narración simultánea o adicional (voice over) y carteles (captions), como muestra la figura 58.

Figura 58: Captura de pantallas con Camtasia

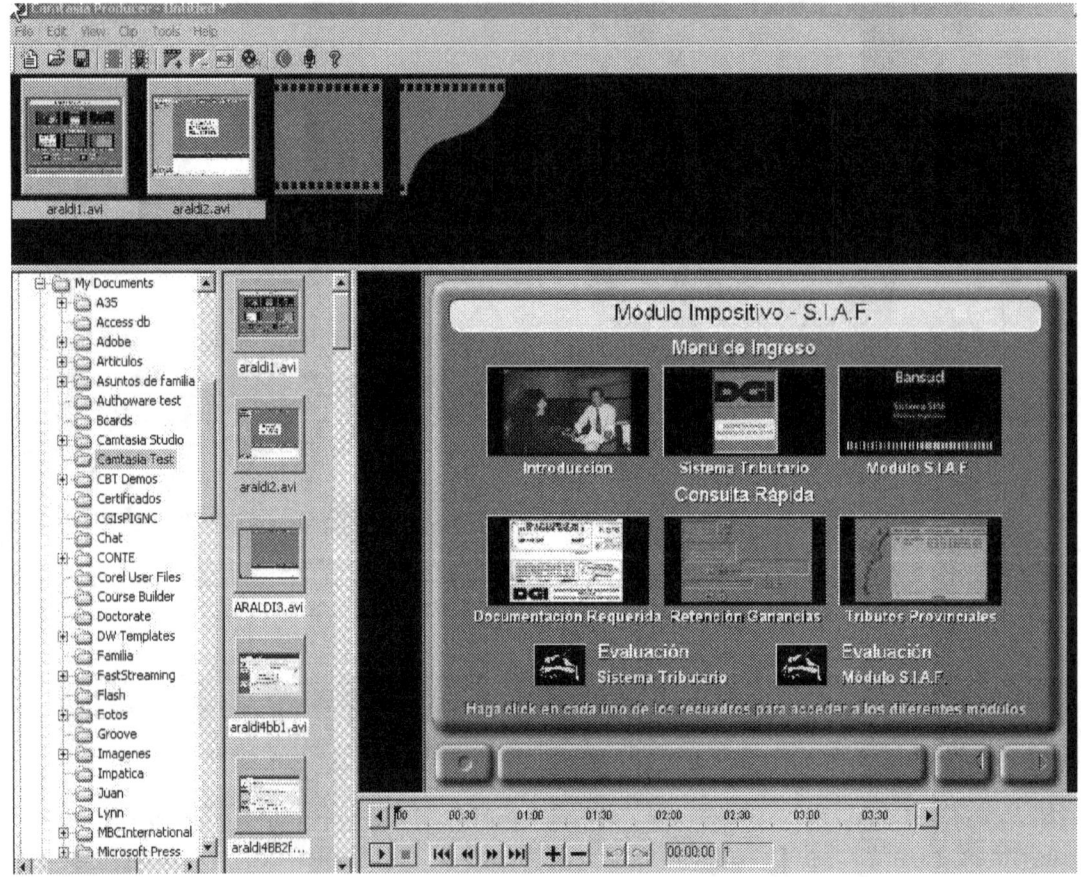

❑ Demo de archivo creado con Camtasia.
URL : http://www.expert2business.net/Videos/Bankpro1.wmv

Para instalar Free Trial de Camtasia en su ordenador. URL:
http://forms.real.com/rnforms/promos/200203/camtasia/index.html

En el caso de *Captivate*[143] (anteriormente denominado *Robodemo*), el programa captura las pantallas en forma dinámica, generando slides y animaciones en formato HTML o Flash directamente. Estos formatos los hacen accesibles para usuarios que acceden por conexiones lentas, MODEM.

Pero tal vez la ventaja más importante de Captivate es que permite crear actividades interactivas, que permiten al estudiante simular el manejo real del software a través de "hot spots" que reproducen la reacción del software real, y diferentes tipos de cuestionarios de elección múltiple, ingreso de texto y scoring.

Figura 59: Captivate

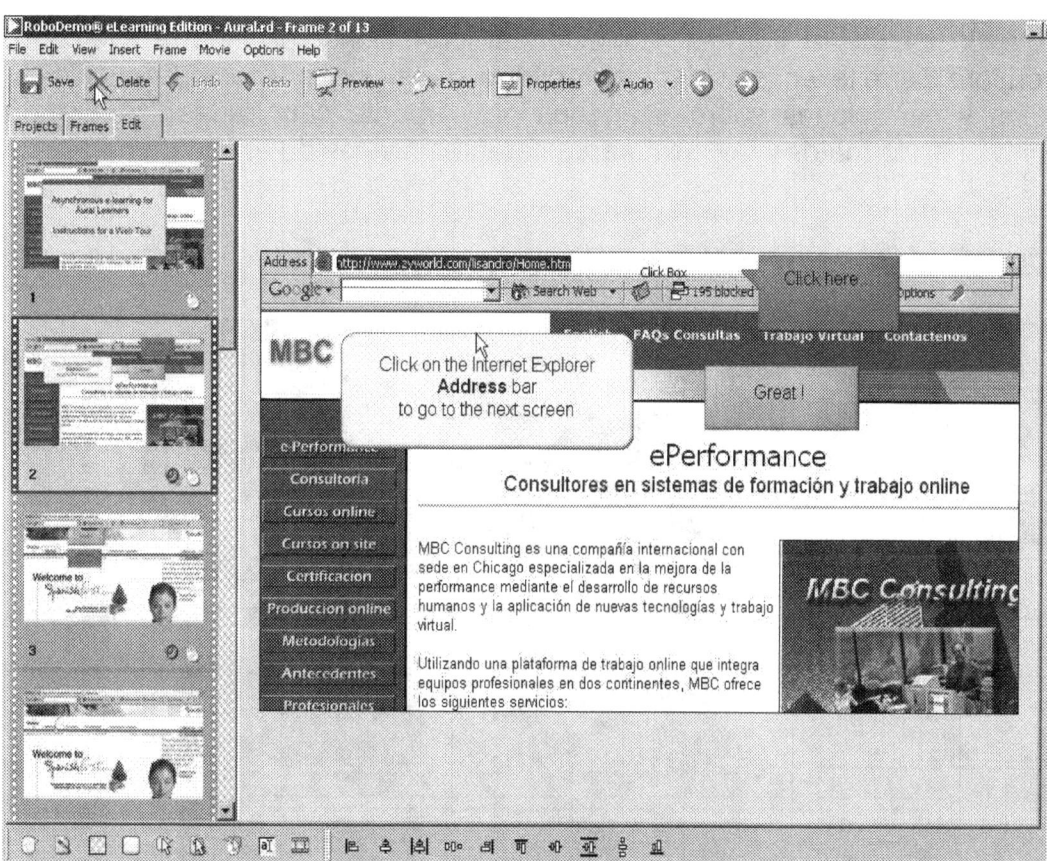

❑ Demo de programa creado con Captivate, URL:
http://www.expert2business.com/itson/tasks.htm

❑ Para instalar el Free Trial de Captivate en su ordenador, URL:
http://www.macromedia.com/cfusion/tdrc/index.cfm?product=captivate

---

[143] Mas información sobre Captivate en URL:
http://www.macromedia.com/cfusion/tdrc/index.cfm?product=captivate

Producción profesional de video Streaming: Adobe Premiere

El valor documental del video digital, la reducción de costes de producción y la mejora de la calidad de equipos de uso no profesional lo ha vuelto crecientemente popular como canal para la educación a distancia, tanto usado por docentes para documentar procesos reales y enriquecer las presentaciones, como por alumnos para presentar y compartir sus trabajos de campo.

Una vez más, vale el mismo "caveat" indicado respecto de las presentaciones streaming: el video debe agregar valor a la presentación en términos de proporcionar acceso a información no obtenible por otras vías.

En esos casos, la herramienta estándar profesional es Adobe Premiere. Premiere permite editar video, agregando transiciones, efectos especiales, títulos y narraciones sobre imágenes previamente capturadas, generando archivos en formatos wmv o rm para diferentes niveles de ancho de banda.

Figura 60: Adobe Premiere

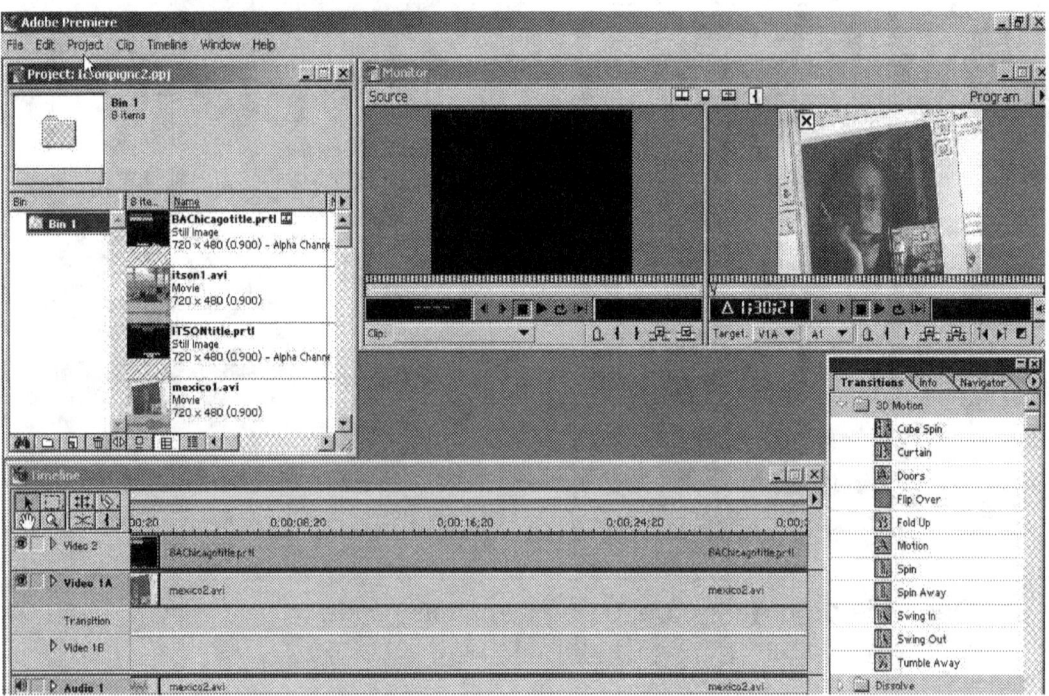

❑ Para ver una demostración de video creado con Adobe Premiere, URL: http://www.expert2business.com/Video/eTrainersshow.wmv

❏ Para descargar el Free Trial de Premiere en su ordenador, URL:
http://www.soft32.com/download_315.html

Ejercicios y simulaciones

Una de las herramientas más importantes para la formación online es el uso de ejercicios de aplicación y simulaciones o juegos que permiten a los estudiantes aplicar y ejercitar conceptos.

La suite *Hotpotato 6* permite crear los siguientes tipos de actividades online en formato HTML sin programación:

❏ Crucigramas
❏ Palabras incompletas
❏ Ejercicios de dragado
❏ Multiple Choice
❏ Frases mezcladas

Con comandos de uso sencillo, el docente desarrollador puede crear ejercicios en formato HTML para enriquecer y apoyar el aprendizaje.,

Figura 61: Hotpotato Modelo de creación de crucigrama

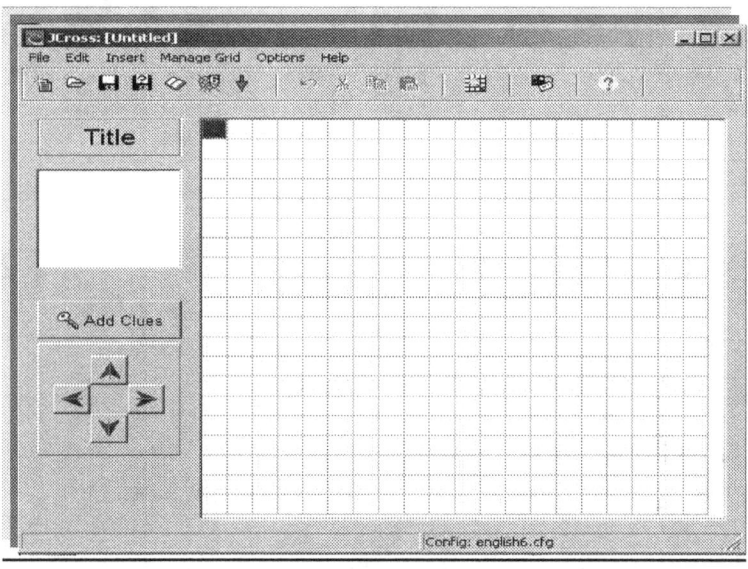

❏ Para ver un ejemplo de crucigrama creado con Hotpotato 6, URL:
http://www.expert2business.com/Hot/Assessmentcross.htm

❏ Para ver un ejemplo de dragado creado con Hotpotato 6, URL:
http://www.expert2business.com/Hot/Metodosxobjetivos.htm

❑ Para descargar la versión gratuita de Hotpotato en su ordenador, URL:
http://web.uvic.ca/hrd/halfbaked/

Otra herramienta de gran utilidad es *Quandary*, que permite crear simulaciones con diferentes escenarios en los que el estudiante debe tomar decisiones, evaluar opciones y consecuencias y utilizar recursos.

Figura 62: Interfase de Quandary

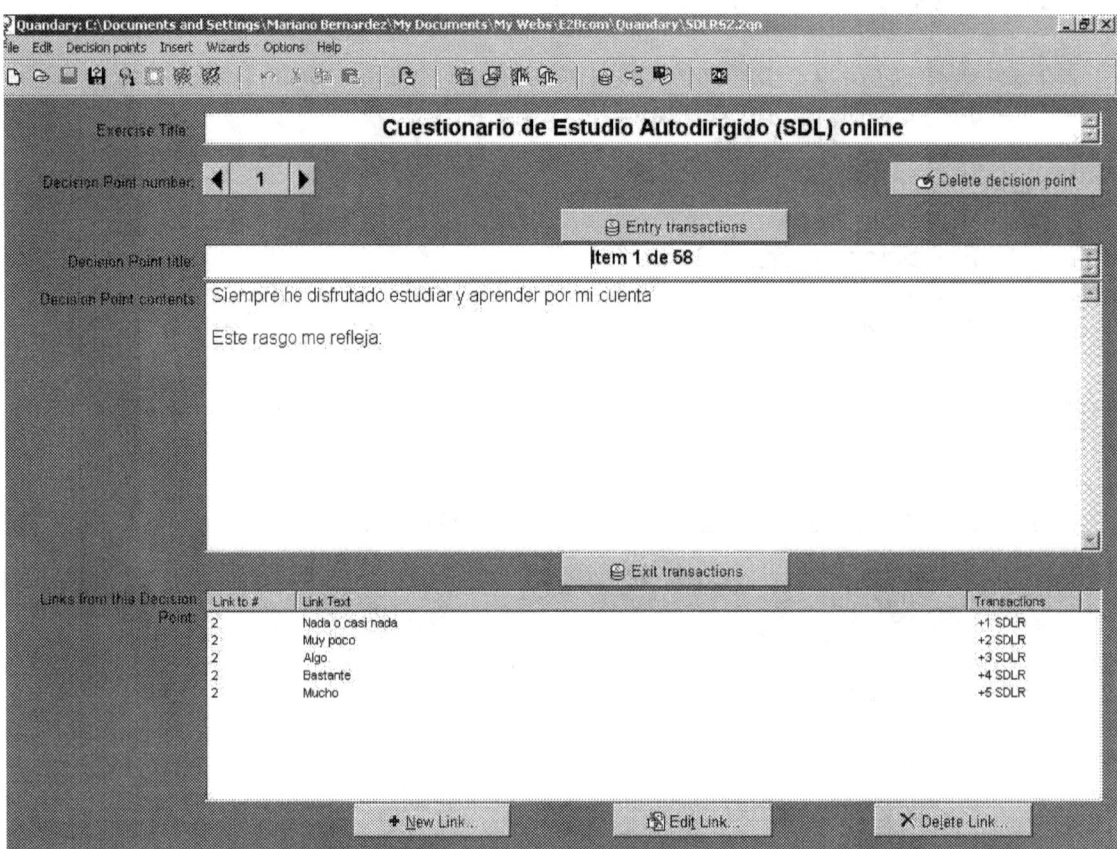

❑ Para ver una demostración de test creado con Quandary, URL:
http://www.expert2business.com/Quandary/SDRL3.htm

❑ Para ver un juego de simulación creado con Quandary, URL:
http://www.sln.org/pieces/cych/apollo 10/students/dock/docking.html

❑ Para descargar Quandary en su ordenador, URL:
http://www.halfbakedsoftware.com/quandary download.php

Herramientas autoras avanzadas

En la década de 1980, el uso de lenguajes de programación comenzó a ser reemplazado por sistemas autores específicamente diseñados para generar cursos asistidos por computadores, y posteriormente, cursos online sin recurrir a programación.

El uso de sistemas autores permitió independizar al diseñador y experto en contenidos del programador, incrementando el énfasis y control de la calidad educativa. Adicionalmente, el uso de sistemas autores redujo considerablemente el tiempo requerido para desarrollar materiales.[144]

Los estándares actuales de la industria son Authorware y Toolbook. Si bien los sistemas autores presentan considerables ventajas sobre los lenguajes de programación, es importante enfatizar las siguientes limitaciones:

1. *Coste elevado:* aproximadamente 2,500 dólares por PC
2. *Curva de aprendizaje:* su mayor variedad de funciones requiere un mayor tiempo de estudio y dominio
3. *Uso de plug-ins:* debido a que tanto Authorware como Toolbook fueron desarrollados antes del surgimiento del Internet, para su uso online requieren que el usuario instale un "player" or plug-in para poder ejecutarlos en su PC (Neutron para ToolBook y Authorware Web Player para Authorware)

Figura 63: Interfase de Authorware

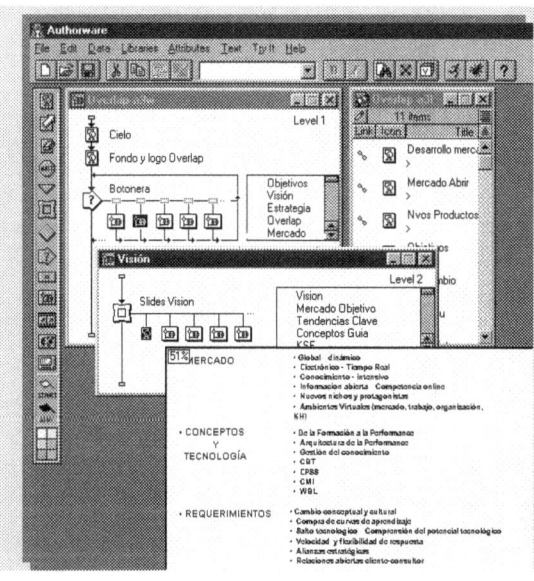

Authorware usa una interfase grafica de flujograma para mostrar como se conectan las diferentes pantallas – representadas con íconos- y funciones.
Las preguntas –representadas con flechas que ligan cada opción con un ícono de fedback- están presentadas en el primer nivel, a la izquierda.
A su vez, el ícono en negro agrupa otra secuencia interna que se ve reflejada, y en el tercer nivel se puede ver el contenido de un slide simple también marcado en negro.

---

[144] Según estudios desarrollados en 1982, el uso de sistemas autores redujo en 54% el tiempo de desarrollo requerido por hora de curso real.

❑ Para descargar un Free Trial de Authorware 7, URL:
http://www.macromedia.com/software/authorware/download/

❑ Para acceder a un curso de Authorware 7, URL:
http://www.macromedia.com/software/authorware

Herramientas sincrónicas

Un componente clave de las actividades colaborativas es el uso de herramientas sincrónicas, entre las que se destacan:

Chat

El chat o diálogo sincrónico basado en texto permite a varios usuarios conectarse y participar en reuniones virtuales. La mayoría de los sistemas de Instant Messaging tiene funciones de chat, pero existen asimismo servicios ASP que permiten crear salas de chat según requerimientos.

En cursos online, el chat puede ser utilizado no solamente para interactuar con grupos de estudiantes en tiempo real, sino para ofrecer asistencia técnica para superar dificultades.

Figura 64: Servicio de chat

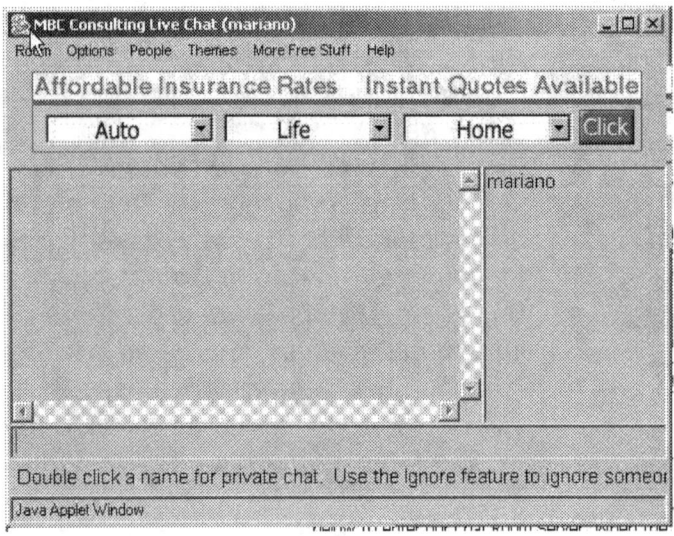

- ❑ Para ver un servicio de chat online, URL:
  http://pub24.bravenet.com/chat/show.php/2030064424
- ❑ Para acceder a un servicio ASP gratuito de chat, URL:
  http://www.bravenet.com/

Instant Messaging

De acuerdo con estadísticas recopiladas por Pew Institute en 2001 más del 50% de la fuerza de trabajo de los Estados Unidos estaba conectada por alguna forma de Instant Messaging (IM).

Esta ubicuidad del sistema, particularmente alta en estudiantes nacidos después de 1965 lo convierte en la herramienta más efectiva para establecer contacto a distancia. Otra importante ventaja del sistema IM es que permite a los usuarios no solamente conectarse a través de ordenadores sino a través de mensajes de texto en sus teléfonos celulares, agregando aún más alcance.

Los sistemas IM más populares son MSN Messenger, Yahoo Messenger y AOL Messenger, todos los cuales cuentan con millones de usuarios en todo el mundo.

Además de permitir comunicación inmediata de texto persona a persona o en grupos, el IM cuenta con otras funciones potencialmente valiosas para formación Colaborativa, tales como:

- ❑ Pizarra blanca (whiteboard)
- ❑ Envío de archivos (file sharing)
- ❑ Compartir el control de aplicaciones (application sharing)
- ❑ Comunicación de voz PC a PC por VOIP (Voice Over Internet Protocol)
- ❑ Comunicación de voz PC a teléfono por VOIP (combinado con servicios como Net2Phone y Skype)
- ❑ Videoconferencia persona a persona (combinado con NetMeeting)
- ❑ Información sobre el status del interlocutor
- ❑ Reuniones virtuales

Otra ventaja del uso de IM es que los chat de texto pueden ser leídos y respondidos no solamente desde PCs, sino desde teléfonos móviles, PDAs, iPods y otros dispositivos que forman parte de lo que se llama *m-learning*[145].

---

[145] Más información sobre m-learning en URL:
http://es.wikipedia.org/wiki/Aprendizaje_electr%C3%B3nico_m%C3%B3vil

Figura 65: Sesión de IM combinando múltiples elementos

Esta pantalla capturada muestra una sesión sincrónica combinando IM Messenger con videoconferencia por NetMeeting. Los dos participantes –el de la pantalla mayor en Buenos Aires y el de la menor en Madrid- pueden dialogar y verse por NetMeeting mientras comparten archivos, aplicaciones, chat y pizarra blanca por Messenger

Este es un ejemplo de actividad sincrónica combinando software de uso masivo y gratuito, lo que demuestra que para implementar e-Learning sincrónico, el factor clave es el conocimiento de las posibilidades y la aplicación práctica.

Pueden ver esta secuencia de videoconferencia por la URL:
http://www.expert2business.net/Videos/Trabajo Virtual 2.wmv

En la actualidad, es posible realizar actividades sincrónicas con video y sonido usando software y servicios ASP completamente gratuitos, como NetMeeting, MSN o Yahoo Messenger o Skype. Todo lo que se requiere es contar con una PC con conexión rápida a Internet y una Webcam con micrófono.

A pesar de su alto potencial, el uso de IM enfrenta algunas barreras que deben tenerse en cuenta. La Tabla 22 menciona algunas de ellas así como las posibles soluciones y alternativas a considerar.

Tabla 22: Solución de problemas más frecuentes en el uso de IM

Problema	Solución
❑ Barreras tecnológicas (firewalls, normas institucionales que restringen el uso de IM)	❑ Verificar la habilitación de IPs y ports ❑ Concertar política con el administrador de sistemas local
❑ Uso inadecuado, imagen poco profesional, confusión entre uso personal y profesional	❑ Establecer un IM profesional, con nombre e identificación reconocibles y adecuados ❑ Usar lenguaje y comportamiento profesional
❑ Uso invasivo, distractor	❑ Usar y respetar el indicador de status ❑ Preguntar por disponibilidad antes de iniciar el chat ❑ Establecer horarios y momentos de disponibilidad para IM

Aula Virtual

Una evolución natural de la combinación de medios sincrónicos ha sido la aparición de sistemas de aulas o reuniones virtuales. A las prestaciones de NetMeeting, los nuevos sistemas agregan la capacidad para trabajar con grupos y subgrupos numerosos.

Los sistemas más utilizados actualmente son *Centra, Webex, Elluminate* y más recientemente *Adobe Connect* (antes *Macromedia Breeze*).

Las aulas virtuales cuentan con las siguientes funciones típicas:

❑ Pizarra blanca
❑ Carga de documentos en forma de slides (cualquiera de los formatos Office mas los formatos de imágenes)
❑ Compartir el control de aplicaciones a distancia
❑ Votación automática (poll)
❑ Sonido sobre IP para todos los participantes
❑ Video (opcional)
❑ Sistema de prioridad automático para pedir y otorgar palabra
❑ Posibilidad de otorgar el rol y privilegios de coordinador
❑ Calculadores científicos

❑ Emoticons
❑ Instrumentos de dibujo y remarcado

Los usuarios o participantes se conectan al aula virtual desde PCs individuales y pueden interactuar en tiempo real en la pantalla compartida o sala principal usando chat de texto, mostrando aplicaciones que tienen en su ordenador (Compartir aplicaciones), votar, subir y manejar presentaciones o slides y comunicarse con voz o video sobre Protocolo de Internet (VOIP).

Figura 66: Aula Virtual Elluminate

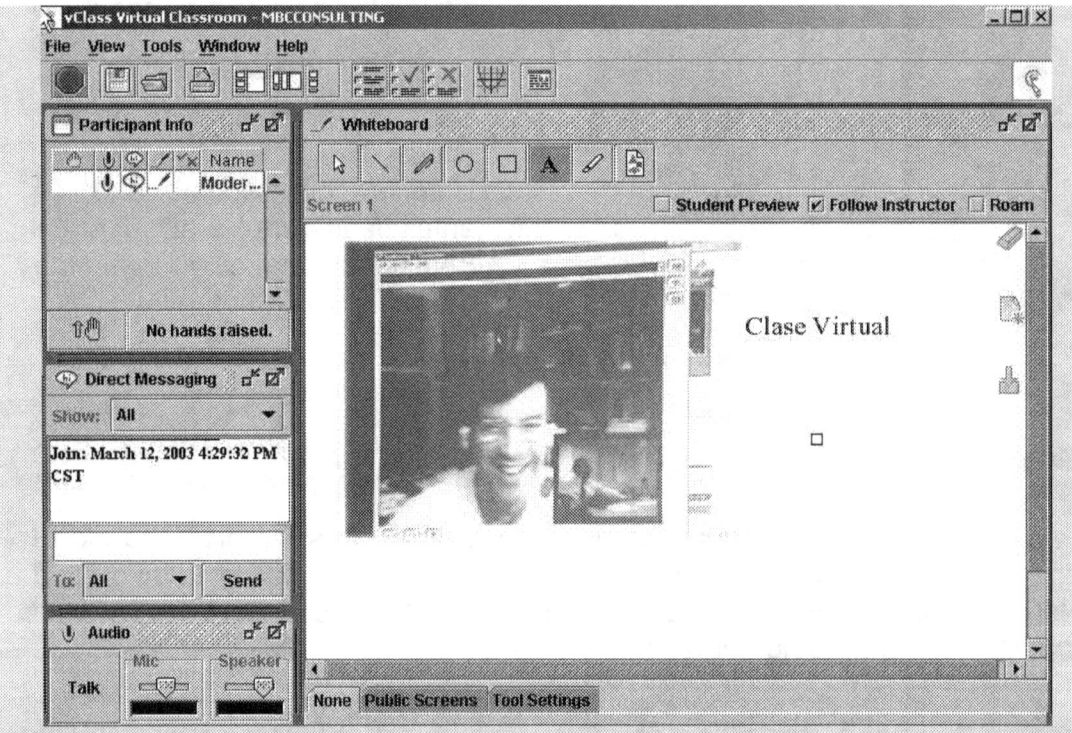

En esta pantalla de aula virtual de Elluminate el eTrainer[146] tiene a la izquierda, su tablero de control, donde puede ver a los participantes, darles conexión o funciones, enviar y recibir mensajes de texto individual o al grupo y regular su sonido.
En el campo de la derecha se visualiza su pizarra blanca –en este caso con video superpuesto-. En este mismo campo puede proyectar slides Power Point o mostrar cualquier aplicación en su escritorio de Windows.
En la barra superior, el botón rojo permite grabar en video la sesión y los restantes, modificar la configuración de pantallas para los usuarios.

---

[146] Usamos el término eTrainer para caracterizar al instructor online o profesor facilitador. Este es un rol diferente del diseñador educativo o profesor desarrollador, que crea el curso pero no necesariamente lo anima o facilita, y requiere desarrollar competencias especiales.

La comunicación de sonido o video VOIP por parte del instructor o eTrainer y de los participantes requiere disponer en ambos extremos de la línea de adecuado ancho de banda –habitualmente unos 128 Kbps provistos por conexiones ISDN, ADSL o de cable-.

Nota

Es importante verificar antes de cada sesión virtual con video y sonido VOIP la disponibidad de ancho de banda para el número de participantes deseado. El proveedor de acceso al server de aula virtual –externo o institucional- debe asegurar esa disponibilidad, ya que conoce el "tráfico" de su sistema.

Figura 67: Aula Virtual Centra

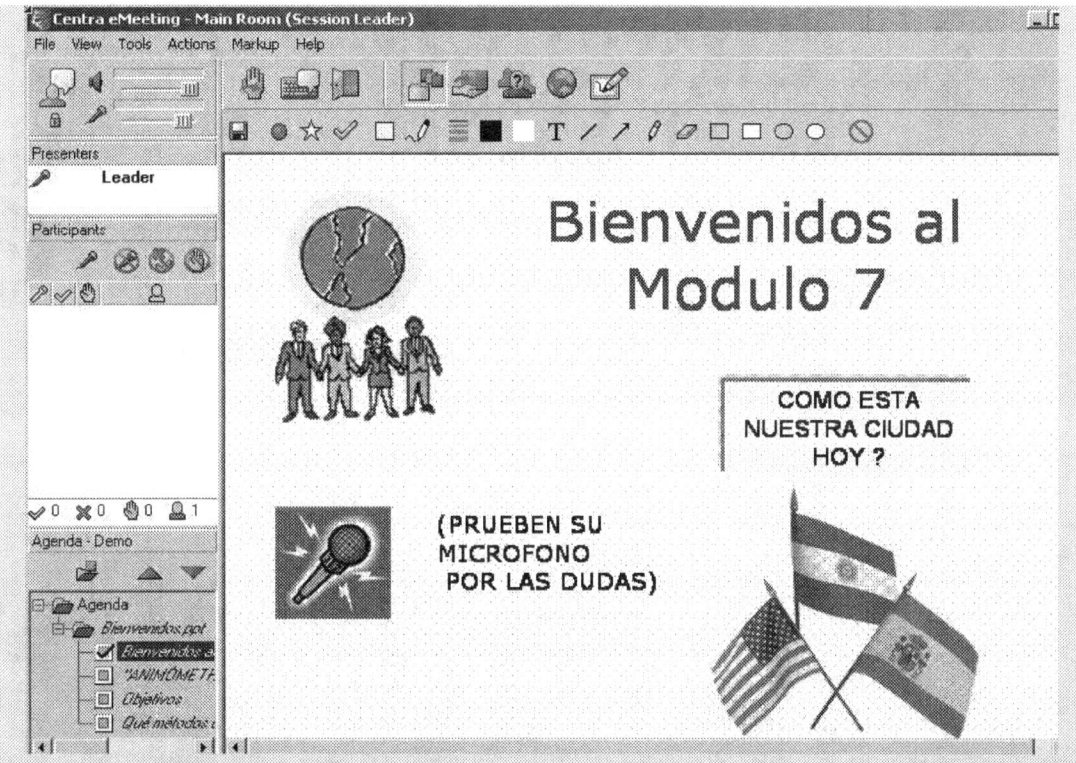

En este aula Centra el eTrainer está transmitiendo a sus participantes una presentación Power Point que tiene en su ordenador –en la parte inferior Izquierda de tu tablero de control se puede ver chequeado en su Windows Explorer el archivo que está utilizando.
En el ángulo superior izquierdo se puede ver su control de sonido e inmediatamente debajo, la lista de participantes. El ícono de micrófono sirve para darle el micrófono a cada participante.

El eTrainer debe mantener activo a todo su grupo durante la sesión. Los tiempos en una sesión virtual son un décimo de los de una sesión presencial: en promedio, se recomienda hacer intervenir a los participantes cada minuto de la sesión con preguntas, haciéndoles presentar material, votar, o dándoles control de la aplicación. (Hofmann, 2001)

Es importante anticipar a cada miembro lo que se espera de su parte y asignar tiempos. En la pantalla Centra de la Figura 67, el slide indica a los participantes ubicados en Estados Unidos, Argentina y España –por eso las banderas de los tres países- que prueben su micrófono comentando cómo es el día en la ciudad en la que están.

Figura 68: Aula Virtual Webex

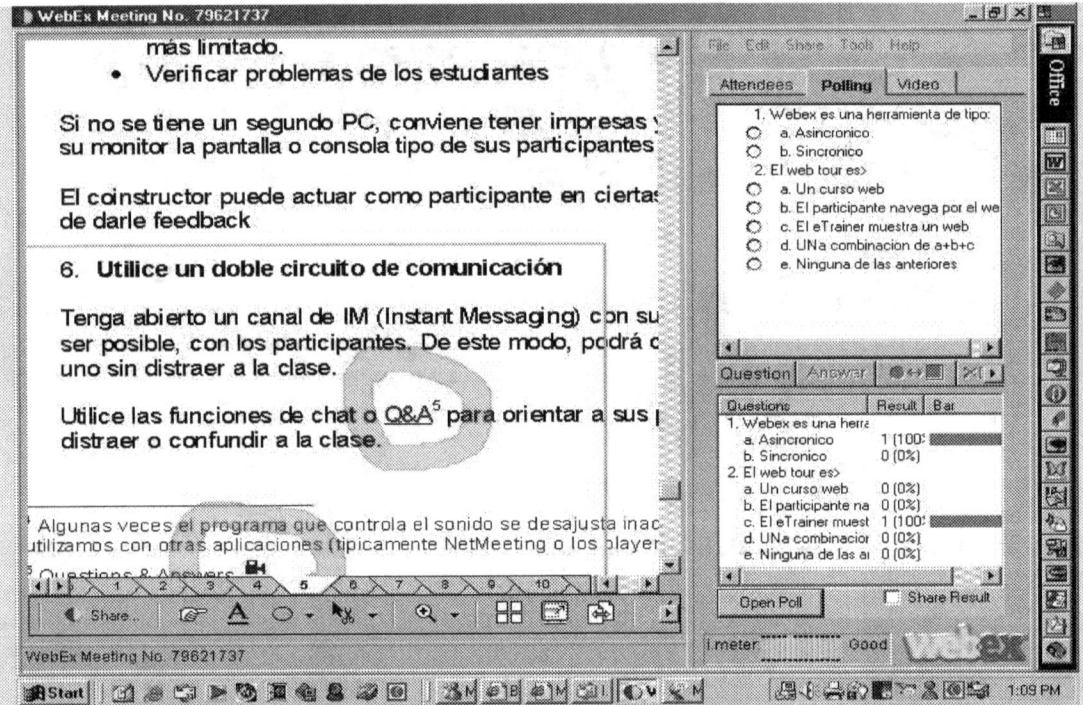

En esta sala virtual de Webex se puede ver en el campo de la izquierda cómo el eTrainer administra una pregunta al grupo –en este caso, un grupo de eTrainers en formación-.

En la parte superior de la barra de **Polling** *se puede ver las preguntas y en la parte inferior, las respuestas del grupo en número y porcentaje de los estudiantes conectados.*

En el área de la izquierda, el instructor está presentando material en slides y haciendo que los participantes prueben de escribir con sus "resaltadores" en verde.

En toda sesión de aula virtual, el eTrainer o facilitador online debe contar con un equipo adicional conectado al aula como estudiante. Este equipo le permite "ver" la sesión como participante y advertir si hay problemas de transmisión, tales como velocidad de descarga de pantallas o llegada del sonido, ajustando su ritmo al del participante.

Adicionalmente, el segundo equipo provee una línea de seguridad en caso de que por cualquier razón la conexión del e-Trainer con la sala se interrumpa. Es por esa razón también aconsejable tener dos conexiones diferentes al Internet con diferentes proveedores ISP.

Figura 69: Aula Virtual Adobe Connect

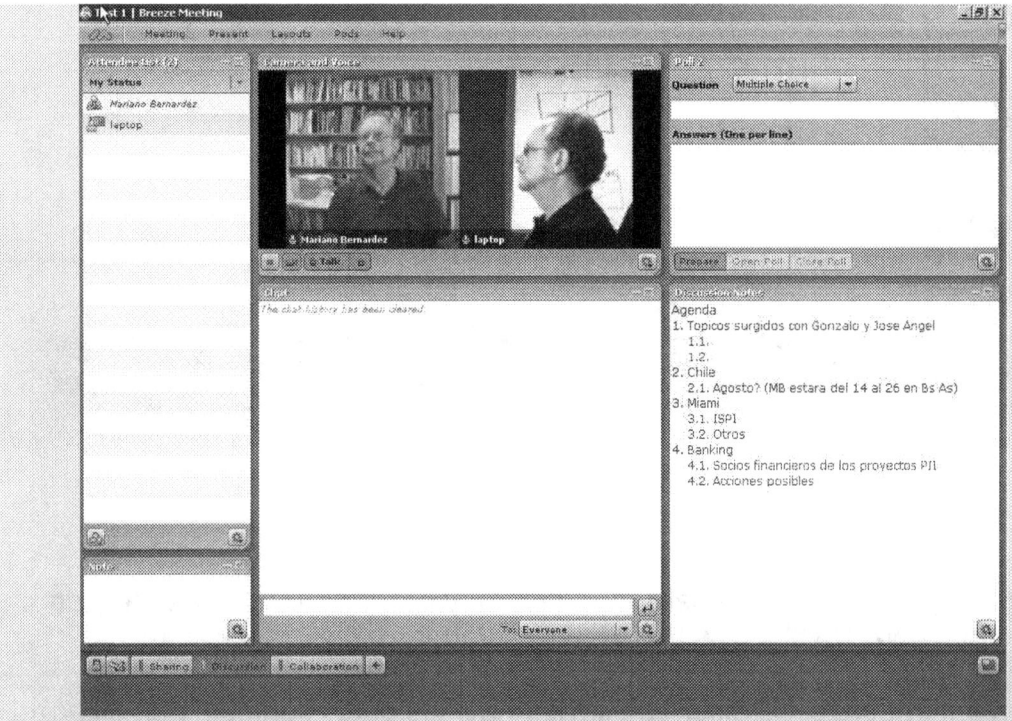

El sistema Adobe Connect (antes Macromedia Breeze), permite multiconferencias en video y también opera como oficina virtual.

En este caso vemos una conferencia con video entre dos personas, en la que se revisa una agenda de reunión usando el modelo de sala Adobe Connect para oficina virtual..

Pueden descargar el Free Trial de Adobe Connect de URL: http://www.adobe.com/products/acrobatconnectpro/

Todos los sistemas ASP[147] de aula virtual con sonido tienen varias modalidades de pago, por participante y minuto, por mes –con un número de aulas y asientos límite- y con un server dedicado para empresas.

Blackboard ofrece un aula virtual sin sonido, basada en Chat, integrada al LMS.

Figura 70: Aula Virtual Blackboard

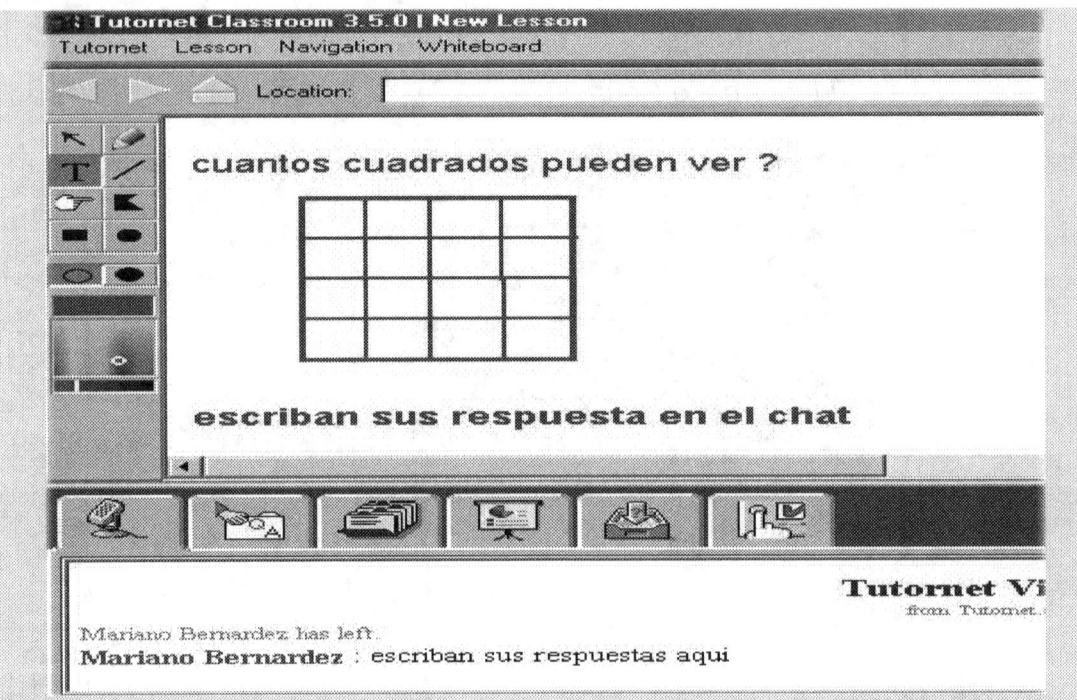

En el aula virtual de Blackboard, el instructor y los participantes interactúan usando una pizarra blanca y texto –parte inferior- para comunicarse.

En esta actividad, el eTrainer está invitando a los participantes por la pizarra blanca a comunicarse usando el chat.

Una ventaja importante del aula virtual Blackboard es que permite participar a estudiantes con conexiones de baja velocidad, tipo modem.

El aula virtual de Blackboard guarda como texto de IM los diálogos durante cada sesión, de modo que quienes no han podido asistir pueden acceder a ellos en forma asincrónica más tarde.

---

[147] ASP – Active Server Pages – sistemas server-cliente en los que el proveedor permite a su cliente manejar funciones en el server como colocar contenido, aulas virtuales, etc. Mas información sobre ASP en URL: http://es.wikipedia.org/wiki/Active_Server_Pages

El manejo de clases en Aulas Virtuales requiere un entrenamiento especial, así como disponer de elementos clave tales como:

❑ Micrófono y audífonos de calidad
❑ Monitor de prueba (un segundo monitor donde el coordinador ve como el participante recibe la clase)

Figura 71: Elementos clave del instructor/coordinador sincrónico

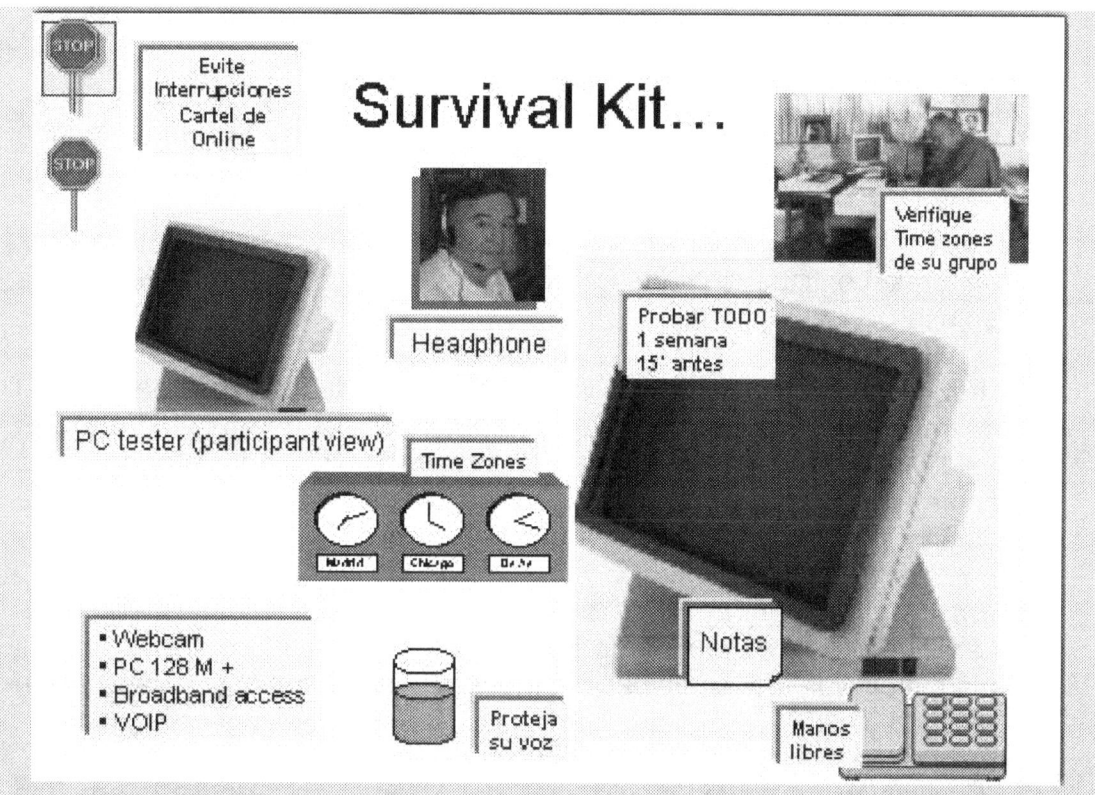

Podemos ver aquí una lista visual de los elementos que el eTrainer debe tener consigo antes y durante una sesion sincrónica.

Es importante evitar el común error de asumir que un instructor presencial experimentado no encontrará inconvenientes en trasladar sus habilidades al aula virtual.

Existen varias diferencias críticas entre el aula presencial y el aula virtual que deben ser tenidas en cuenta y requieren un proceso de entrenamiento riguroso, tales como:

- ❏ *Timing:* la duración máxima recomendada de una clase virtual es de 60 minutos. Las actividades se miden en minutos o segundos, en lugar de horas.

- ❏ *Preparación:* el eTrainer debe preparar con antelación los materiales de la clase así como claras consignas para la interacción y participación grupal.

- ❏ *Enseñanza en equipo:* el eTrainer debe trabajar en equipo con un co-instructor de modo de que uno pueda atender a la presentación general y otro a las consultas o problemas generales.

- ❏ *Manejo de clima y participación:* el eTrainer debe preparar una mucho mayor gama de preguntas y actividades participativas que mantengan la atención y permitan el aprendizaje grupal.

- ❏ *Aplicación práctica:* el eTrainer debe "hacer hacer" a los participantes en forma continua, cediendo el control de la clase o de las aplicaciones en uso.

- ❏ *Voz, Posición:* el rol del eTrainer en el aula virtual es más parecido al del moderador de un buen programa radial que al de un catedrático. El aula virtual es un medio limitado para transmisión de información o conferencias. Su mejor rendimiento procede de utilizar intensivamente dinámica grupal.

- ❏ *Enseñar a aprender:* el eTrainer debe en cada clase enseñar a los participantes tanto el uso de las funciones del aula como las formas más efectivas de participación mediante el ejemplo y la aplicación práctica.

- ❏ *Evaluación continua:* el eTrainer debe tener preparadas preguntas para verificar el avance del grupo y los individuos en términos de aprendizaje y muy particularmente, de la forma en que se produce, consultando frecuentemente sobre el ritmo, recepción y status técnico de los alumnos.

Actividades prácticas:

- ❏ Demo de clase virtual, URL:
  http://www.expert2business.com/Video/ETmapa2.wmv

Un último pero muy importante instrumento de producción son las funciones de los sistemas de gestión del aprendizaje o Learning Management Systems (LMS).

Durante este programa utilizaremos como herramientas básicas *Blackboard*, por ser el estándar de la industria y permitir la creación gratuita de cursos, *SAETI*, por ser la plataforma institucional y *LearningXpress*, como un ejemplo de herramienta generadora de contenidos de autoestudio en castellano.

Utilizaremos como referencia Blackboard para presentar las diferentes funciones que todo sistema ILS (Integrated Learning System) debe incluir para el aprendizaje colaborativo.

Creación de cursos

Los sistemas LMS permiten al instructor crear un curso online en una forma simple y efectiva. El LMS ofrece ya una estructura de funciones preestablecida, que el instructor puede seleccionar de acuerdo con los requerimientos de su diseño general y de detalle.

El sistema ASP de Blackboard permite crear cursos en forma gratuita que permanecen disponibles por 60 días para visitantes, al cabo de los cuales el autor puede optar por pagar una licencia anual o continuar utilizando el curso gratuito con su password y nombre de usuario.

Figura 72: Creación de cursos en Blackboard

Paso 1

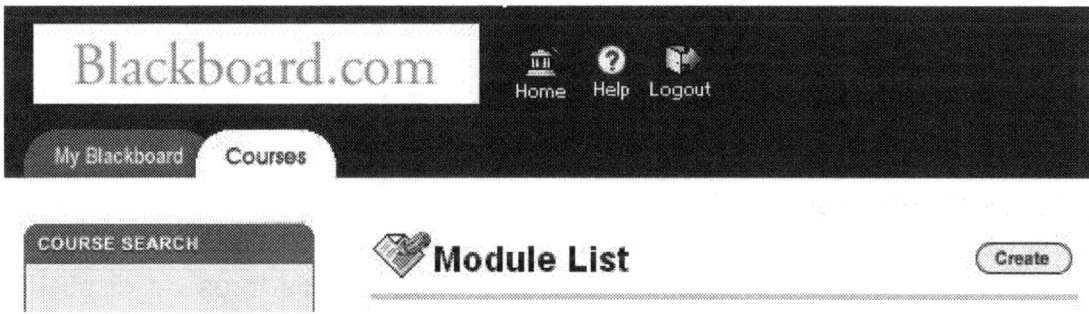

Paso 2

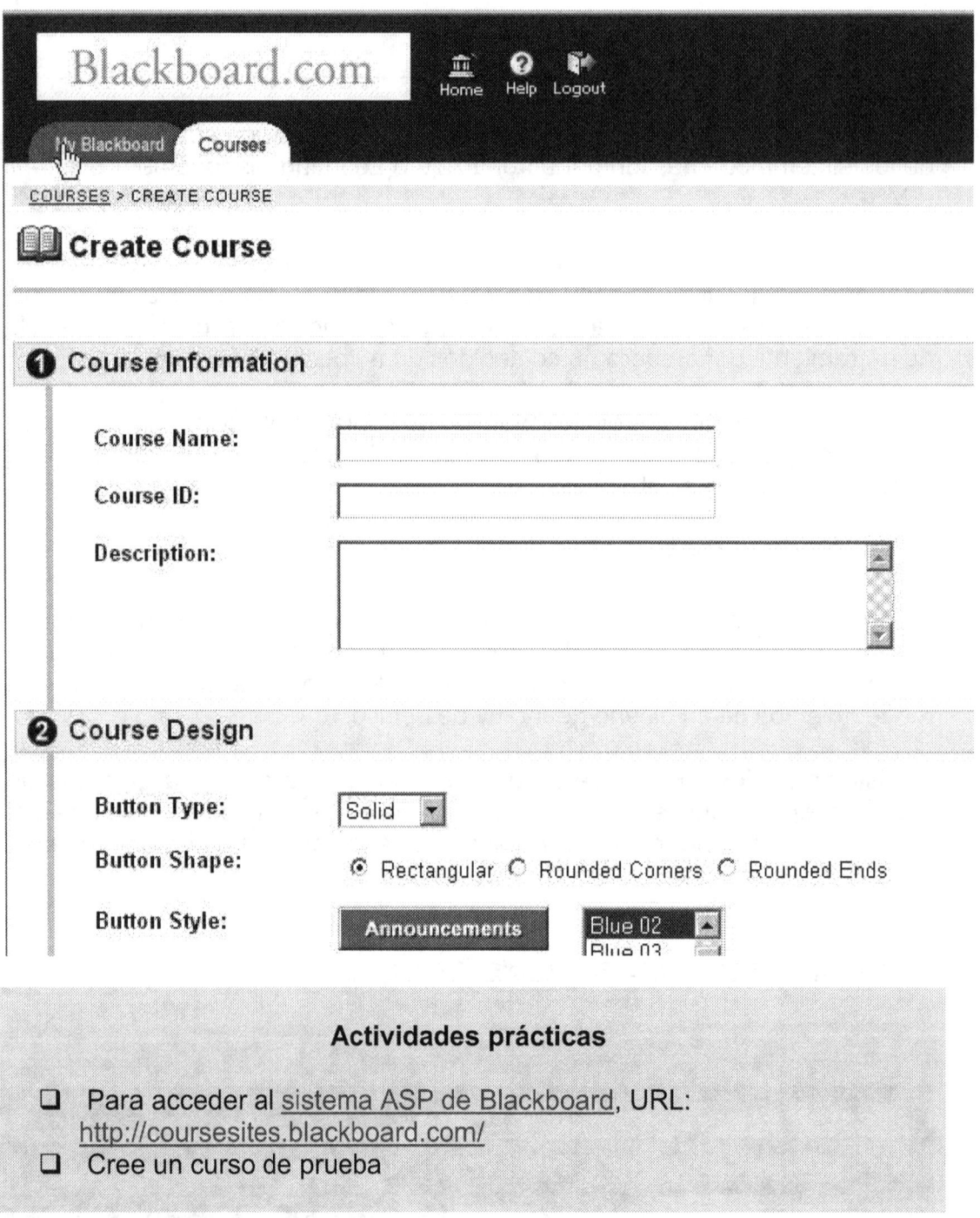

Foros de discusión

El instructor colaborativo debe preparar y organizar los foros de discusión para las diferentes secciones y preparar preguntas para discusión y consignas de trabajo que guíen la participación.

Es también importante establecer en las normas del curso pautas de extensión, frecuencia y calidad requeridas para la participación, así como alentar y/o requerir a los participantes el responder y comentar las intervenciones de sus compañeros.

El foro Blackboard permite colocar respuestas en forma de texto normal, o en formato HTML, que permite agregar imágenes o hipervínculos. Se accede a los foros por la sección Discussion Board general. Los grupos tienen adicionalmente Discussion Board grupales.

Figura 73: Foro de discusión

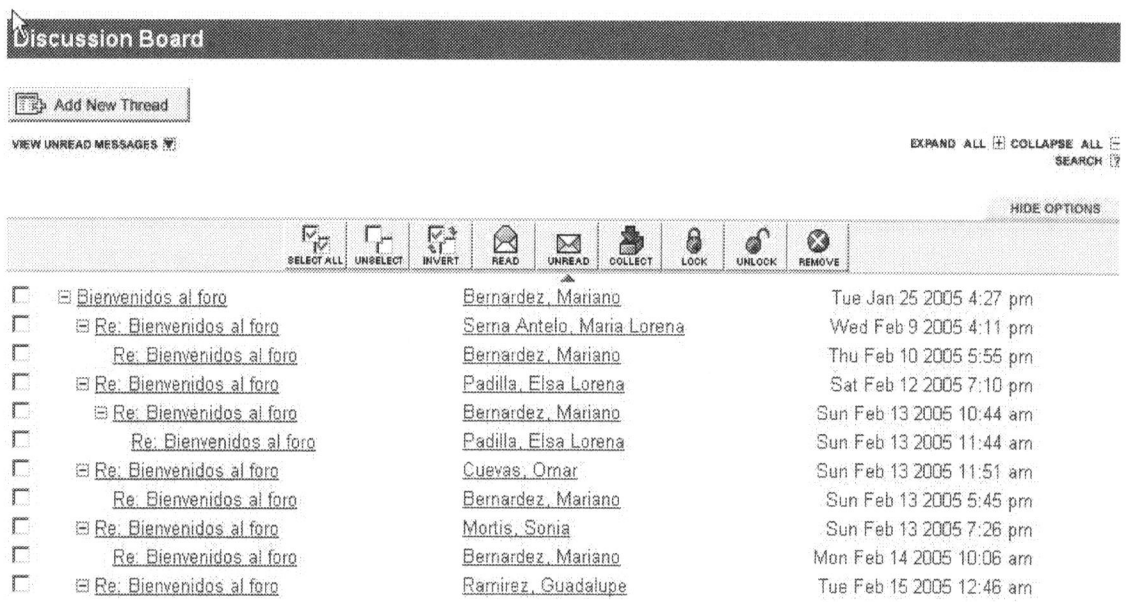

Grupos de trabajo

Los sistemas ILS permiten además crear equipos de aprendizaje y trabajo, que constituyen una de las herramientas clave para el éxito de la formación online Colaborativa. En Blackboard, el instructor puede crear grupos de trabajo que replican todas las funciones del campus general.

Figura 74: Funciones del grupo de trabajo

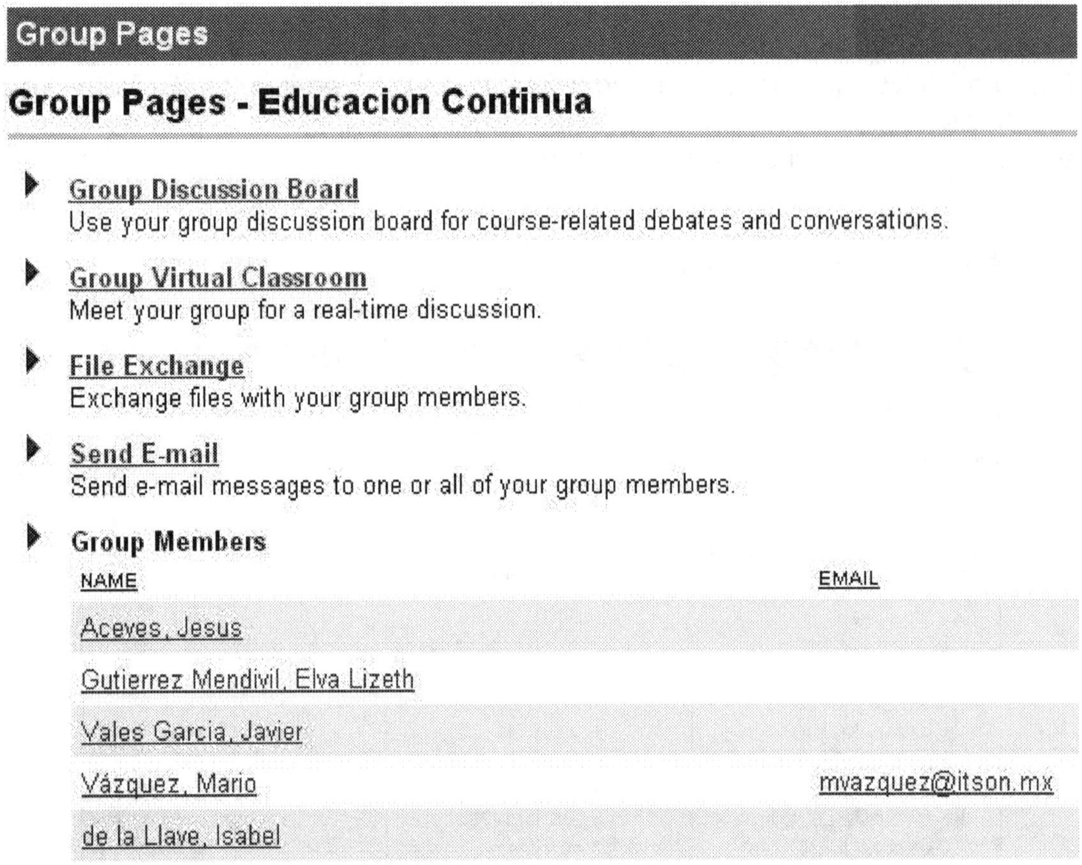

Group Pages

Group Pages - Educacion Continua

▶ **Group Discussion Board**
Use your group discussion board for course-related debates and conversations.

▶ **Group Virtual Classroom**
Meet your group for a real-time discussion.

▶ **File Exchange**
Exchange files with your group members.

▶ **Send E-mail**
Send e-mail messages to one or all of your group members.

▶ **Group Members**

NAME	EMAIL
Aceves, Jesus	
Gutierrez Mendivil, Elva Lizeth	
Vales Garcia, Javier	
Vázquez, Mario	mvazquez@itson.mx
de la Llave, Isabel	

Comunicaciones internas

Los sistemas ILS proporcionan a los docentes y estudiantes una gama de modalidades de comunicación basadas en el Web, tales como:

❑ *Correo electrónico*: individual, general, grupal, con instructores
❑ *Foro de discusión*
❑ *Aula virtual sincrónica*
❑ *Lista de participantes (roster)* con acceso a sus páginas Web personales
❑ *Páginas grupales* con acceso a los sectores de los diferentes grupos de aprendizaje y trabajo
❑ *Digital Drop Box:* permite a cada alumno enviar su trabajo al instructor en forma individual y privada (En Blackboard se accede por la sección *Tools*)
❑ *File transfer:* permite enviar archivos a otros estudiantes (*Tools*)
❑ *Home page:* permite a cada participante presentarse al resto del grupo en forma personal y profesional (*Tools*)

Figura 75: Opciones de comunicación en un ILS-LMS:

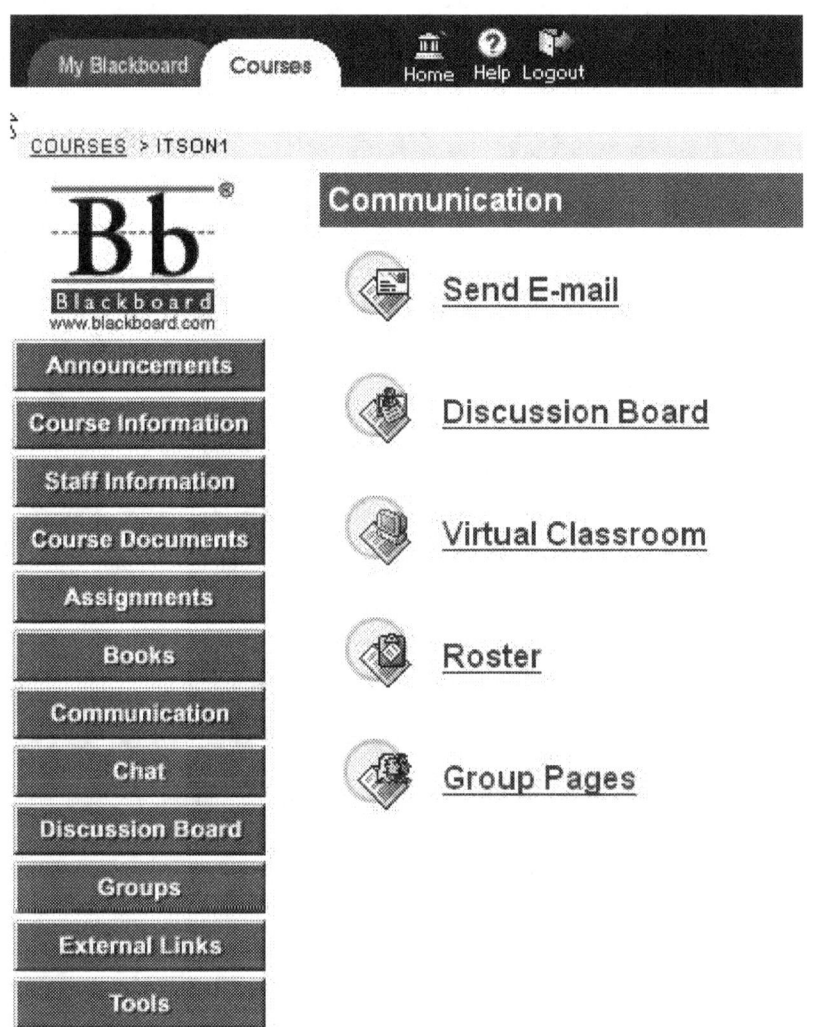

El aula virtual de Blackboard provee recursos para realizar reuniones o clases virtuales sincrónicas sin sonido. La Figura 76 muestra cómo puede utilizarse con preparación previa.

Figura 76 Virtual Chat de Blackboard en una clase sincrónica

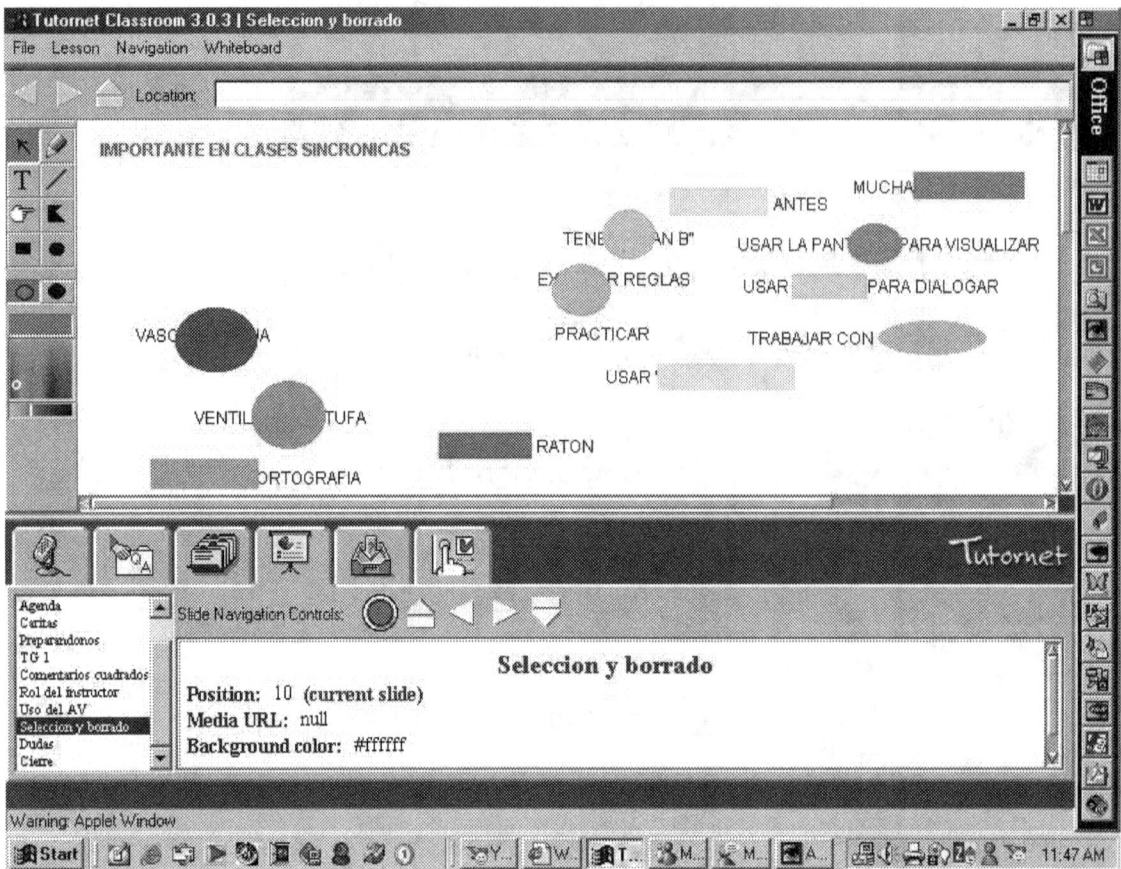

Documentos del curso

Las plataformas de aprendizaje tienen sistemas de gestión de contenidos o LCMS que permiten al instructor colocar materiales de estudio online en forma simple y eficiente en una sección de contenidos que puede estar alojada en la plataforma o ligada a ella por hipervínculos.

En el caso de Blackboard, el instructor puede organizar los contenidos en carpetas o unidades de aprendizaje (learning units), que permiten al participante recorrer los materiales por menús. El instructor puede cargar los materiales en el sistema entrando por Control Panel y en esa visual, seleccionando Course Documents.

📖 **Control Panel**

ITSON1: Desar

Otras formas de contenido disponibles son:

- ❑ *Announcements*: agrega páginas como boletín informativo en la zona de acceso al curso
- ❑ *Course information*: destinada a colocar el Syllabus, normas y objetivos del curso
- ❑ *Staff information*: con la presentación de los profesores facilitadores
- ❑ *Assignments*: con las actividades requeridas de aprendizaje
- ❑ *External links*: para organizar links de interés fuera de la plataforma

Habilitación de alumnos y grupos

Otra función importante de las plataformas de formación es la gestión de alumnos o LMS.

En Blackboard, por ejemplo, el profesor a cargo puede:

- ❑ Enrolar y dar de baja alumnos
- ❑ Cambiar su rol y privilegios, convirtiéndolos en asistentes, creadores de contenidos o co-instructores
- ❑ Crear grupos de alumnos

Figura 78: Funciones LMS

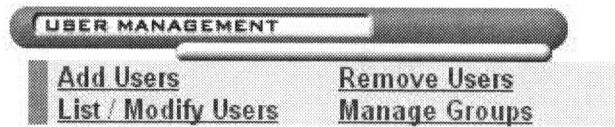

Encuestas y tests de aprendizaje

Los sistemas LMS permiten crear evaluaciones y encuestas en forma simple y eficaz, colectando la información sobre las respuestas individuales y grupales (encuestas) y asignando calificaciones automáticas según el criterio definido por el desarrollador.

En el caso de *Blackboard*, las funciones son:

- ❑ *Assessment Manager*, que permite crear y modificar encuestas y tests de aprendizaje
- ❑ *Pool Manager:* que permite guardar y reutilizar preguntas e ítems de evaluación
- ❑ *Online Grade book;* que genera informes de resultados por alumno, tests y encuestas, con ponderación relativa.
- ❑ *Course statistics:*, que permite hacer un seguimiento de la actividad de todos los alumnos en todas las secciones

Figura 79: Manejo de evaluaciones

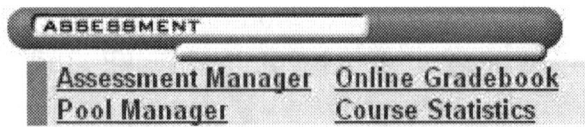

Organización de estudio: calendario y tareas

Otra función clave de las plataformas de formación es la de proveer herramientas compartidas de coordinación y programación de actividades.

En el caso de Blackboard, el instructor cuenta con las siguientes herramientas de organización Colaborativa:

- ❑ Calendario del curso
- ❑ Tareas del curso
- ❑ Enviar correo electrónico
- ❑ Formatear los foros de discusión
- ❑ Archivos del Chat
- ❑ Digital Drop Box

Figura 80: Herramientas de organización del estudio y trabajo colaborativo

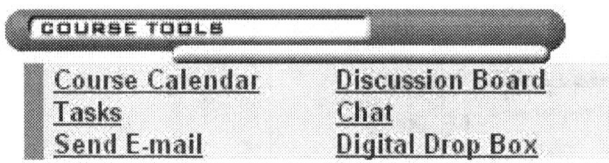

Figura 81: Calendario

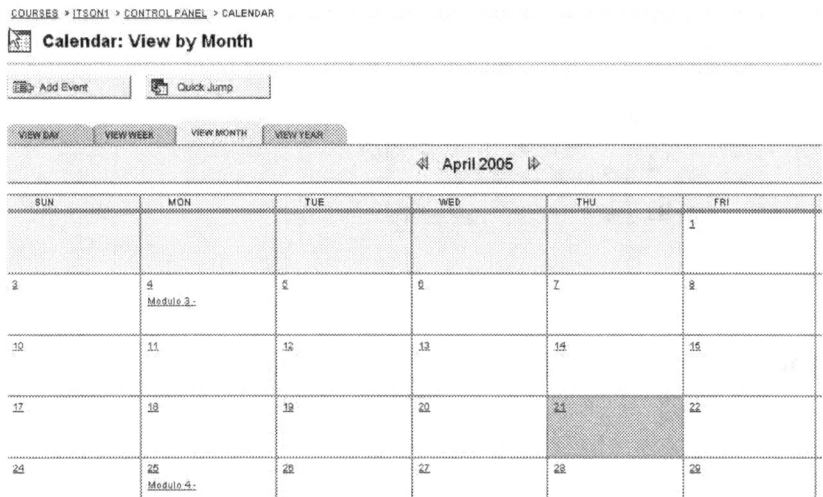

Figura 82: Tareas (Tasks)

Los alumnos pueden acceder al Calendario y las Tareas por la sección Tools o cuando acceden al espacio Blackboard, por el tag *My Blackboard*, que muestra todas las actividades de los cursos en que están inscriptos.

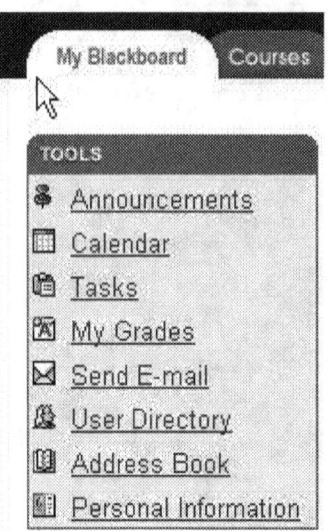

Evaluaciones y encuestas

Los LMS como Blackboard o Saeti2 permiten construir e incluir encuestas y tests o evaluaciones.

Las encuestas no califican al participante, pero permiten acumular, analizar y compartir resultados en el LMS a través de la función de Libro de Calificaciones o Gradebbok que veremos más adelante.

Las evaluaciones o test otorgan puntaje, según lo asigne previamente el desarrollador, y permiten crear y combinar una amplia gama de ítems, desde la elección múltiple, verdadero-falso, hasta la priorización, apareamiento o completamiento de frases.

El desarrollador puede determinar cuántas veces se podrá tomar el test, crear grupos de preguntas que se combinan al azar en forma diferente, asignar puntajes por cada ítem y por respuestas parciales y agregar su feedback para respuestas correctas e incorrectas.

Al desarrollar tests en un LMS, el sistema automáticamente almacena los datos para que el eTrainer y los participantes puedan tener acceso a ellos a través del Libro de Calificaciones.

Figura 83: Opciones de preguntas en Blackboard / Saeti2

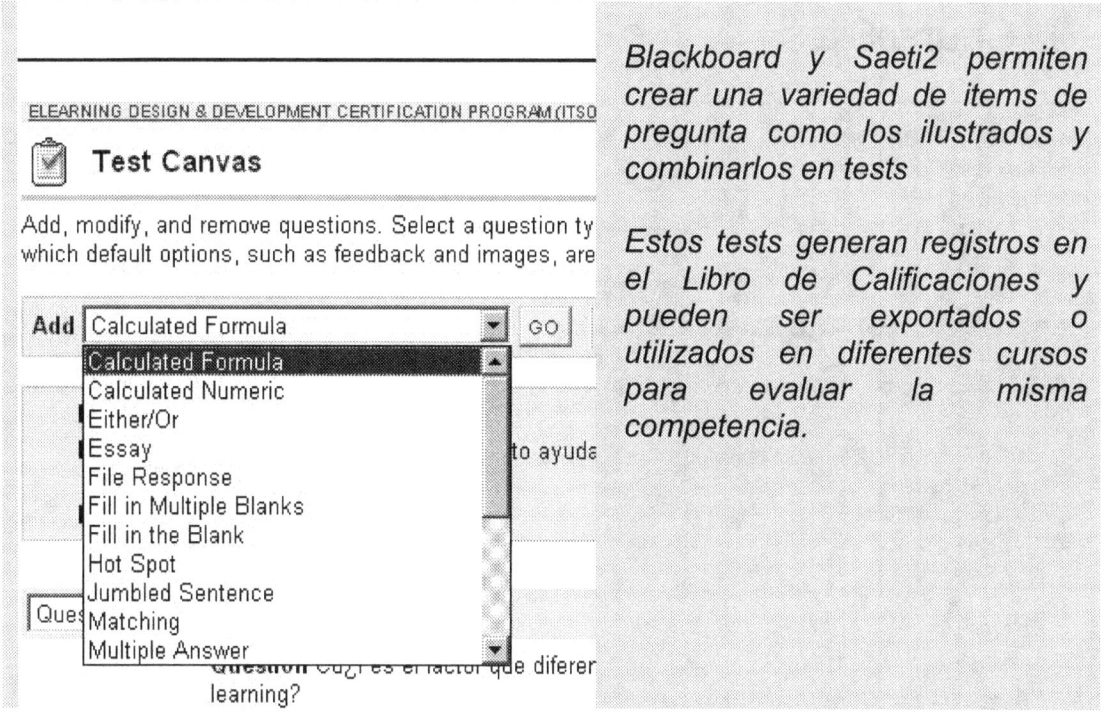

Blackboard y Saeti2 permiten crear una variedad de items de pregunta como los ilustrados y combinarlos en tests

Estos tests generan registros en el Libro de Calificaciones y pueden ser exportados o utilizados en diferentes cursos para evaluar la misma competencia.

Libro de Calificaciones

Esta función del LMS permite al instructor asignar puntaje a cada actividad en forma relativa y ponderada.

El Libro de Calificaciones permite al instructor llevar control sumativo de la evaluación de todo el grupo, asignando puntaje manualmente por aquellas actividades que así lo requieran –por ejemplo, evaluar un paper o tesina- y contar con la calificación automáticamente volcada de los tests creados en el LMS.

Aunque por medio del Libro de Calificaciones, un instructor puede procesar y analizar los grados de grupos numerosos, se aconseja dedicar un profesor auxiliar o asistente, o un administrador para llevar adelante el vuelco y análisis de las calificaciones en sus aspectos administrativos.

Los participantes pueden verificar sus grados en forma continua a través de la misma plataforma, que les ofrece una versión individualizada de Libro de Calificaciones que sólo muestra sus grados invduales.

Figura 84: Vista del Libro de Calificaciones de un curso

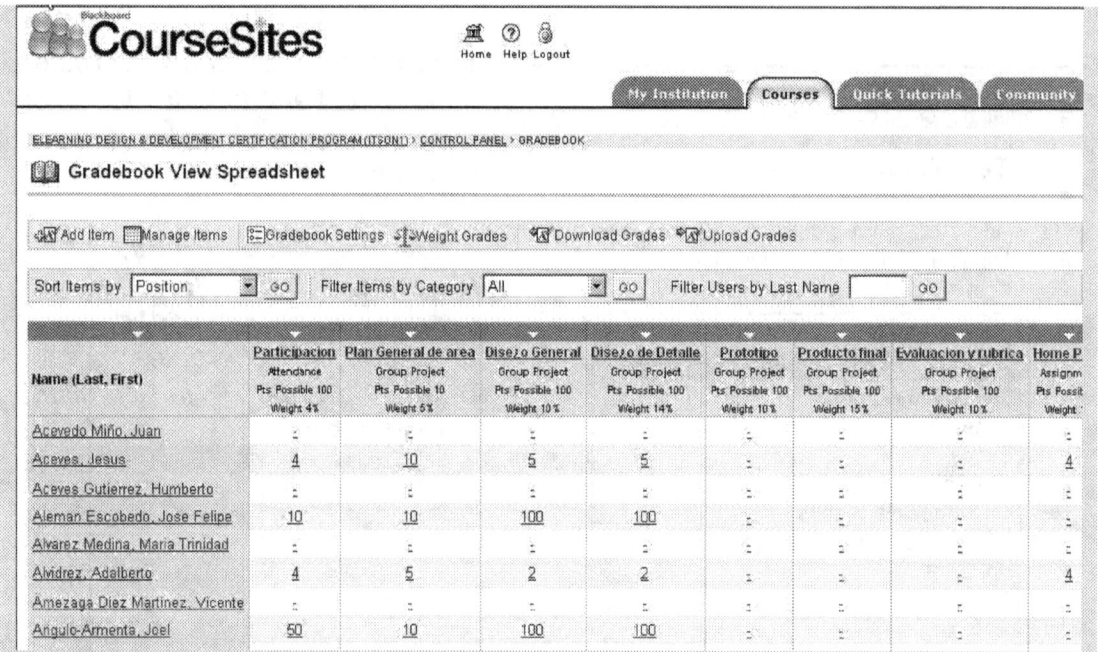

El Libro de calificaciones de un LMS permite colectar y ver las calificaciones de un grupo numeroso. El instructor crea los items y determina cuáles serán calificados manualmente por él mismo –como la participación, en la primer columna-y cuáles por medio de tests que trasladan sus resultados en forma automática.
Clickando en cada columna, el instructor puede ver y modificar las calificaciones para ese ítem de todos los participantes, entrando por las líneas puede ver los grados de cada participante individual y entrando por los casilleros que están calificados, puede acceder a las respuestas específicas del participante en un test determinado que generaron la calificación.

El diseño del Libro de Calificaciones debe basarse en los elementos del Syllabus y las asignaciones del Plan de Estudio ya explicados en este capítulo.

De esta forma, el LMS queda configurado en función del diseño general y de detalle, asegurando que el curso sea consistente en sus grados con las competencias a desarrollar.

El Libro de Calificaciones es una poderosa herramienta para la mejora continua de la calidad del curso online, pues permite comparar y determinar estadísticamente la efectividad de las asignaciones, su grado de dificultad y el peso relativo de los grados y competencias comparado con la calidad del portfolio de deliverables producido por cada participante.

Figura 85: Exportación de calificaciones a Excel

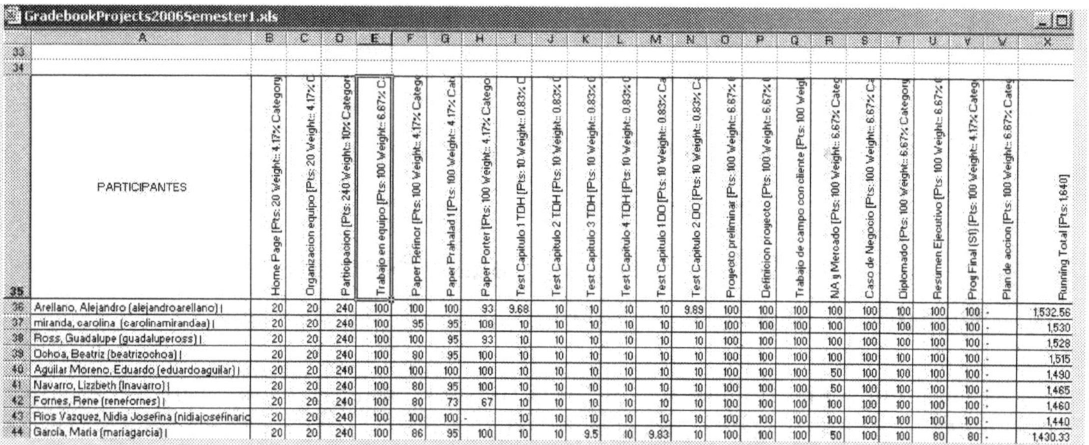

PARTICIPANTES	Home Page [Pts: 20 Weight: 4.17% Category	Organizacion equipo [Pts: 20 Weight: 4.17% C	Participacion [Pts: 240 Weight: 10% Categor	Trabajo en equipo [Pts: 100 Weight: 6.67% C	Paper Reinor [Pts: 100 Weight: 4.17% Categ	Paper Prahalad 1 [Pts: 100 Weight: 4.17% Cat	Paper Porter [Pts: 100 Weight: 4.17% Catego	Test Capitulo 1 TDH [Pts: 10 Weight: 0.83% C	Test Capitulo 2 TDH [Pts: 10 Weight: 0.83% C	Test Capitulo 3 TDH [Pts: 10 Weight: 0.83% C	Test Capitulo 4 TDH [Pts: 10 Weight: 0.83% C	Test Capitulo 1 DO [Pts: 10 Weight: 0.83% Ca	Test Capitulo 2 DO [Pts: 10 Weight: 0.83% C	Progecto preliminar [Pts: 100 Weight: 6.67%	Definicion progecto [Pts: 100 Weight: 6.67%	Trabajo de campo con cliente [Pts: 100 Weigh	IyA y Mercado [Pts: 100 Weight: 6.67% Cate	Caso de Negocio [Pts: 100 Weight: 6.67% C	Diplomado [Pts: 100 Weight: 6.67% Category	Resumen Ejecutivo [Pts: 100 Weight: 6.67%	Prog Final [S1] [Pts: 100 Weight: 4.17% Categ	Plan de accion [Pts: 100 Weight: 6.67% Cate	Running Total [Pts: 1,640]
36 Arellano, Alejandro (alejandroarellano)		20	20	240	100	100	100	93	9.68	10	10	10	10	9.89	100	100	100	100	100	100	100	100	-	1,532.56
37 miranda, carolina (carolinamirandaa)		20	20	240	100	95	95	100	10	10	10	10	10	10	100	100	100	100	100	100	100	100	-	1,530
38 Ross, Guadalupe (guadalupeross)		20	20	240	100	100	95	93	10	10	10	10	10	10	100	100	100	100	100	100	100	100	-	1,528
39 Ochoa, Beatriz (beatrizochoa)		20	20	240	100	80	95	100	10	10	10	10	10	10	100	100	100	100	100	100	100	100	-	1,515
40 Aguilar Moreno, Eduardo (eduardoaguilar)		20	20	240	100	100	100	100	10	10	10	10	10	10	100	100	100	50	100	100	100	100	-	1,490
41 Navarro, Lizzbeth (lnavarro)		20	20	240	100	80	95	100	10	10	10	10	10	10	100	100	100	50	100	100	100	100	-	1,465
42 Fornes, Rene (renefornes)		20	20	240	100	80	73	67	10	10	10	10	10	10	100	100	100	100	100	100	100	100	-	1,460
43 Rios Vazquez, Nidia Josefina (nidiajosefinario		20	20	240	100	100	100	-	10	10	10	10	10	10	100	100	100	100	100	100	100	100	-	1,440
44 Garcia, Maria (mariagarcia)		20	20	240	100	86	95	100	10	10	9.5	10	9.83	10	100	100	100	50	100	100	80	80	-	1,430.33

Los resultados del Libro de calificaciones pueden ser exportados a formatos Excel, de modo de transmitirlos externamente.

Aquí se puede observar cómo las calificaciones de múltiples estudiantes en todas las asignaciones de un semestre son ponderadas.

El cuadro ha sido rankeado por grado usando Excel.

Aplicación Práctica

Para probar un LMS, se recomienda abrir un curso gratuito en Blackboard, URL: http://coursesites.blackboard.com y aplicar paso a paso todos los conceptos de este capítulo

Capitulo 5

NUEVOS DESARROLLOS: WEB 2.O

Introduccion: de la "tecnologia de la informacion" a la "tecnologia de la colaboracion"

Si bien el concepto de *Web 2.0*[148] se origina en una frase introducida por O'Reilly Media en 2003[149], las caracteristicas funcionales a las que se refiere han estado presentes en el concepto de World Wide Web e Internet desde su creacion en el CERN por Tim Berners-Lee en 1989.

El uso colaborativo del Web, sin embargo, ha comenzado a hacer verdadera explosión tras la expansión de 1999-2000 descripta en la Figura 86

Figura 86: Evolución del Internet hacia el uso colaborativo (Web 2.0)

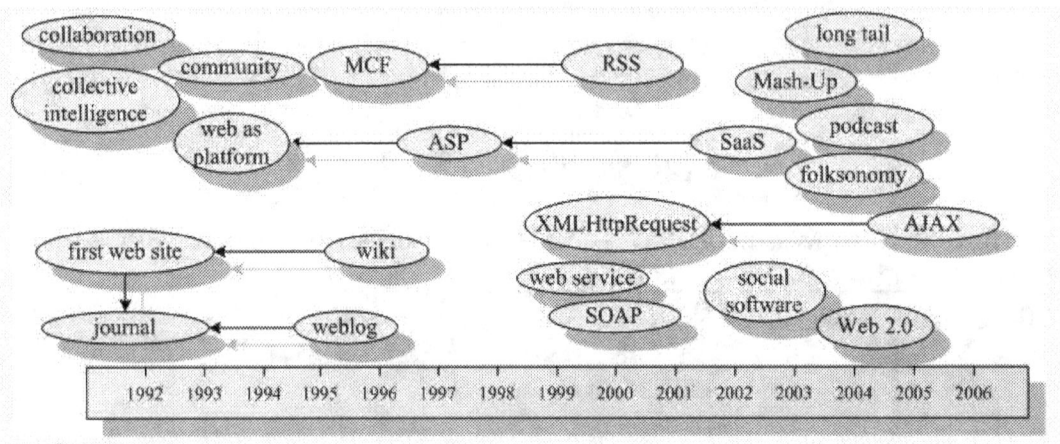

Los usos colaborativos del Web incluyen las siguientes caracteristicas:

- Colaboracion usuario-usuario (peer-to-peer) para creacion de contenido
- Uso del Web como plataforma colaborativa usuario-server

---

[148] Para mas informacion, ver URL:
http://en.wikipedia.org/wiki/Web_2#Characteristics_of_.22Web_2.0.22
[149] O'Reilly Media, ver URL:
http://radar.oreilly.com/archives/2006/05/controversy_about_our_web_20_s.html

- Formacion de redes sociales
- Interfaces de usuario (GUI) amistosas
- Efecto "long tail" (Anderson), de marketing viral de enormes cantidades de productos a millones de nichos de consumidores especializados.

En su libro *"The long tail"* (2006), Chris Anderson indicaba que el futuro del marketing parecía desplazarse de la venta masiva de una limitada gama de productos "líderes" a la venta en pequeñas cantidades de una enorme variedad de productos para una enorme variedad de nichos.

Anderson, un investigador de mercadotecnia especializado en la industria del entretenimiento, notó que los 50 albumes de musica más vendidos de todos los tiempos habían sido producidos entre 1970 y 1980, y ninguno desde el año 2000.

Sin embargo, las ventas de CDs y especialmente, canciones por el Internet habían crecido en forma continua durante el mismo período, debido a la posibilidad que la nueva tecnología (iPods, CDs, videos de alquiler por Internet) da a los consumidores de escuchar musica o ver films en casi cualquier momento o lugar que lo deseen.

Esa nueva y revolucionaria carácterística de los mercados del siglo 21 es generada por la introduccion del Internet como medio de distribucion y comercio, en el que los consumidores pueden adquirir canciones individuales de albumes diversos por iTunes y comprar libros o rentar videos que han sido publicados tiempo atrás.

Analizando estadisticamente las ventas de *NetFlix* (video), *iTunes* (musica) y *Amazon* (libros y otros multiples articulos), Anderson pudo establecer la que llamo 'regla del 98 por ciento": el 98 % de las ventas de estos tres gigantescos mercados procede de productos que venden *una sola unidad cada 4 meses.*

Esta configuracion del nuevo mercado del siglo 21 se manifiesta como una distribución estadística con la forma de una "larga cola" de compradores o usuarios adquiriendo una extensa variedad de productos vendidos en pequeñas cantidades, como ilustra la Figura 87.

Figura 87: Distribución de mercado del siglo 21: "long tail" (Anderson, 2006)

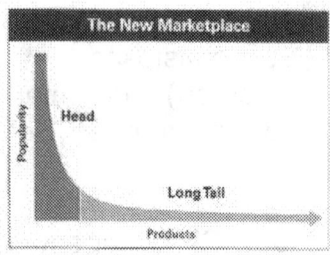

Este nuevo mercado global esta basado en millones de nichos altamente personalizados, en los que existen consumidores interesados en comprar unidades de una enorme gama de productos antes que en adquirir grandes cantidades de lo mismo.

En lugar de albumes, los consumidores del siglo 21 comprar y descargan canciones en sus iPods, muchas de ellas grabadas ayer, otras hace 100 años, dependiendo de sus preferencias. En lugar de acudir a salas de cine para ver estrenos, los nuevos consumidores rentan en video por correo o descargan o ven desde el Internet, filmes o shows que pueden ser tan recientes como filmes aun no estrenados en salas de cine o tan antiguos como *"Yo quiero a Lucy"* o el primer filme de los hermanos Lumiere. Lo mismo ocurre con libros e incluso con la compra-venta de productos a traves de mercados digitales como eBay.

El efecto "long tail" y su regla del 98% seria a su vez generado por el impacto de la tecnología Web caracteristica de la economia del conocimiento en el trabajo y empleo, de acuerdo con los estudios del profesor Richard Florida (2002) en su libro "The rise of the creative class". Florida señala que el Internet ha acelerado la globalización económica y la prevalencia de lo que Peter Drucker (1984) llamara "trabajadores del conocimiento".

Los trabajadores del conocimiento, habituados a trabajar e interactuar conectados por el Internet con colegas, clientes y proveedores, prefieren tambien comparar, seleccionar y adquirir productos por este medio, que les permite una transparencia de oferta completamente superior a la del consumo en comercios tradicionales.

Adicionalmente, el Internet permite a los consumidores no solo comparar, sino _combinar_ y armar mezclas altamente personalizadas de productos y servicios. Los clientes del siglo 21 pueden armar sus propios "long play" combinando en sus iPods rap con operas, cumbia con heavy metal y seleccionar solamente aquellas canciones o movimientos que les interesan para un momento determinado, pagando solamente por aquello que eligen por medios digitales.

Entre 1900 y 1999, la estadistica muestra que el empleo manual primario en agricultura descendio del 38% al 2% de la fuerza de trabajo en los Estados

Unidos y Europa, mientras que los empleos de servicios pasaron de 15% al 45% de la misma.

Más recientemente, de acuerdo con los estudios de Florida, una clase "creativa" de profesionales que utilizan software para comunicarse y prestar servicios ha alcanzado el 30% de la fuerza de trabajo, mientras que la llamada "clase super-creativa" de científicos y artistas creando nuevo contenido, se ha multiplicado del 6% de la fuerza de trabajo de comienzos del siglo 20 al 14% de la fuerza de trabajo de comienzos del siglo 21 (Figura 88).

Figura 88: La transformacion de la fuerza de trabajo en el siglo 21 (Florida, 2002)

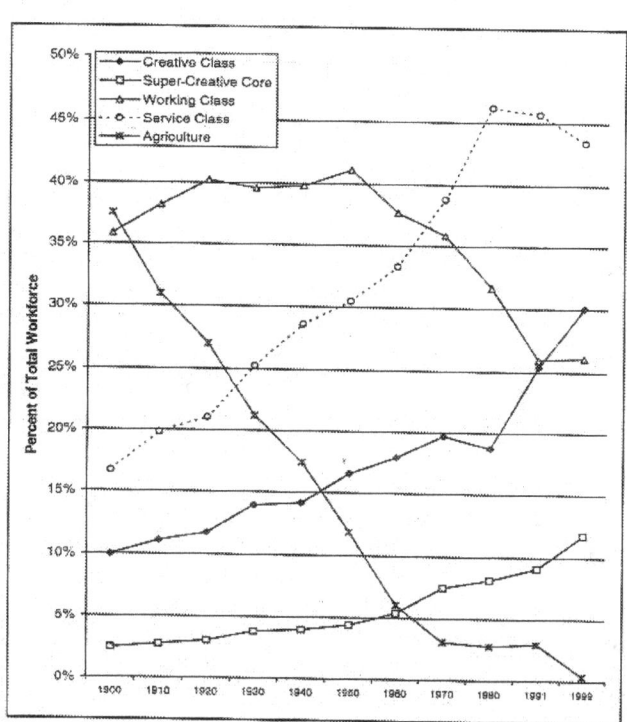

Este cambio es generado a su vez por la transicion de la economia de mercado a una *economia global del conocimiento* (Drucker, 1984, Bernardez, 2007) caracterizada por un crecimiento vertiginoso de la produccion de productos de capital intelectual-intensivo –tales como e-commerce, e-learning y educacion a distancia, call centers, outsourcing de procesos de comercializacion, produccion y montaje, investigacion y desarrollo- sobre otras formas de bienes y servicios (Figura 89) producidos en forma global por trabajadores del conocimiento de multiples naciones colaborando en cadenas y redes virtuales de produccion y distribucion (Bernardez, 2007)

Figura 89: Crecimiento de la produccion de patentes y propiedad intelectual (Florida, 2002)

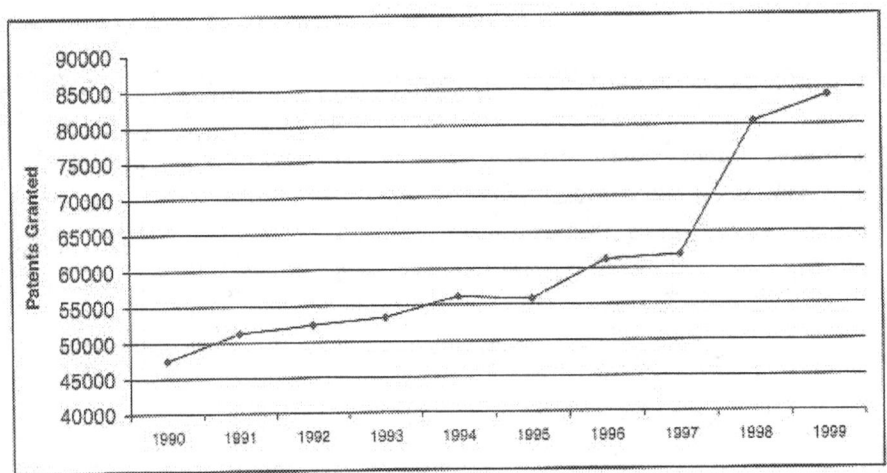

FIGURE 3.2   Rising Creative Output: Trends in Patents, 1900–1999

(source: U.S. Patent and Trademark Office.)

Herramientas del Web 2.0

Los nuevos usuarios del Web colaborativo del siglo 21 tienen acceso a una gama de servicios que se caracterizan por

- Uso de sistemas cliente-servidor[150], en los que el "software" esta alojado en un server remoto en el que se puede tambien guardar el contenido desarrollado
- Sistemas de sofware gratuito[151] y codigo abierto[152] e intercambio que no requieren hardware especializado

---

[150] Para mas informacion sobre cliente-servidor, ver URL: http://es.wikipedia.org/wiki/Cliente-servidor

[151] Para mas informacion sobre freeware, ver URL: http://en.wikipedia.org/wiki/Freeware

[152] Para mas informacion sobre codigo abirto, ver URL: http://es.wikipedia.org/wiki/C%C3%B3digo_abierto

❑ Comunidades virtuales[153] de usuarios que intercambian y construyen relaciones sociales, conocimientos, herramientas y contenido.

Un elemento clave y peculiar es que –a diferencia de los pioneros del *Computer-Based Training (CBT)* en la década del 70- los educadores que utilicen herramientas *Web 2.0* se encontrarán con participantes que están muy familiarizados –con frecuencia más que ellos- en su uso social y de entretenimiento.

Otro aspecto clave es el economico: mientras que la tecnologia CBT y WBT de los ochenta y noventa era costosa y establecia la llamada "brecha digital[154]" entre usuarios con y sin acceso a Internet y aplicaciones específicas costosas –como MS Office, Photoshop, Adobe Premiere o digitalizadores de sonido- , la gama de servicios Web 2.0 es en su mayor parte gratuita, no requiere hardware de alta performance y está apoyada por creciente acceso a banda ancha por medios inalambricos locales (Wi-Fi) o zonales (Wide area Wi-Fi[155])

Esta sección, por tanto, tendrá como propósito explorar el potencial y usos educativos de las nuevas herramientas, dando a los lectores oportunidad de probarlas y desarrollar el dominio de las mismas requerido para interactuar con alumnos e introducirlos a un nuevo uso enriquecedor de herramientas familiares y cotidianas.

Ocho tecnologias clave

Entre estas herramientas, trataremos las 8 tecnologias de mayor impacto y potencial para usos educativos:

1. Creacion de paginas Web
2. Grupos asincronicos
3. Calendarios compartidos
4. Videoconferencias
5. Oficinas virtuales
6. Wikis
7. Blogs
8. Podcasts

---

[153] Para mas informacion sobre comunidades virtuales, ver URL: http://es.wikipedia.org/wiki/Comunidad_virtual

[154] Para mas informacion sobre el concepto de brecha digital, ver URL: http://es.wikipedia.org/wiki/Brecha_digital
[155] Para mas informacion en Wi Fi de area amplia, ver URL: http://en.wikipedia.org/wiki/Wireless_network

Creacion de paginas Web

Durante años, la creacion de paginas Web ha sido reservada a diseñadores graficos y programadores familiarizados con el *Hyper Text Markup Language* o *HTML,* el sistema de codigo con el que esta construido el Internet y del que ya hemos introducido los conceptos basicos en el capitulo 4.

En la década del 90, sistemas autores HTML como *Dream Weaver* y *Front Page* -a los que tambien nos hemos referido en el capitulo anterior- hicieron posible desarrollar paginas Web sin escribir directamente comandos HTML que eran generados por el software a medida que el usuario desarrollaba una pantalla con texto y grafico como en un procesador de texto, obteniendo un efecto WYSIWYG[156]

Usar *Dream Weaver* o *Front Page* creando y colocando paginas Web en un server, sin embargo, aún requiere un nivel de manejo de software –al que se llama tecnicamente "nivel de entrada" o "amistosidad para el usuario"- demasiado alto para su uso masivo por parte de los millones de usuarios regulares de Windows o buscadores de Internet.

Mas aún, crea una barrera para el uso activo del Internet, creando –"escribiendo"- contenido como requiere la filosofia "*Read/Write*" del Web 2.0. e interactuando en lugar de "leerlo" como consumidor pasivo del uso tradicional.

Una nueva generacion de aplicaciones Web 2.0 basadas en el concepto de *Pagina de Server Activa* o *ASP*[157] como el britanico *ZyWeb* –que usaremos a modo de ejemplo- permite crear Paginas Web sin ningun comando especial o requerimiento diferente del escribir en un procesador de texto.

Una visita a la pagina central[158] de ZyWeb, URL: http://www.zy.com/ , permite observar la facilidad con la que puede crearse paginas Web de aspecto profesional de forma directa.

El primer paso es crear una cuenta –que puede ser gratuita por 30 dias- e ingresar en ZyWeb como se ilustra en la Figura 90

---

[156] What You See is Waht You Get. Para mas informacion sobre WYSIWYG, ver URL: http://en.wikipedia.org/wiki/WYSIWYG

[157] Para mas informacion sobre ASP o Pagina de Server Activa, ver URL: http://en.wikipedia.org/wiki/Active_Server_Page

[158] Recomiendo al lector que disponga de acceso online aplicar estos conceptos en forma inmediata ingresando a URL: http://www.zy.com/ para seguir la explicacion con el free trial

Figura 90: Creando su propia pagina Web en minutos con un ASP

Una vez ingresados en la aplicación, el area central nos ofrece una serie de funciones transparentes ilustradas en la Figura 91

Figura 91: Creando Web sites y Paginas Web en un solo click

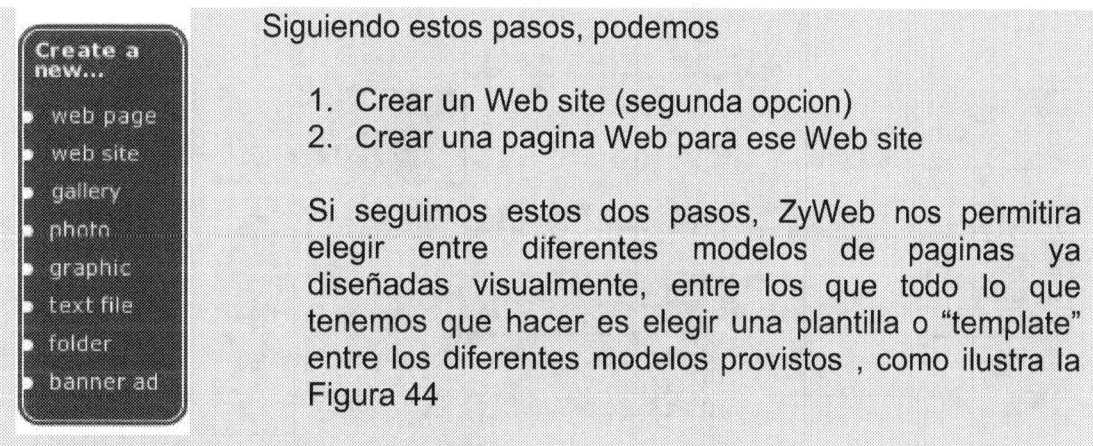

Las plantillas o "templates" provistos por el ASP permiten al autor ahorrar tiempo en diseño gráfico e incluir diversos elementos funcionales como botones, enlaces y secciones para feedback.

Figura 92: Seleccionando plantillas prearmadas de apariencia profesional

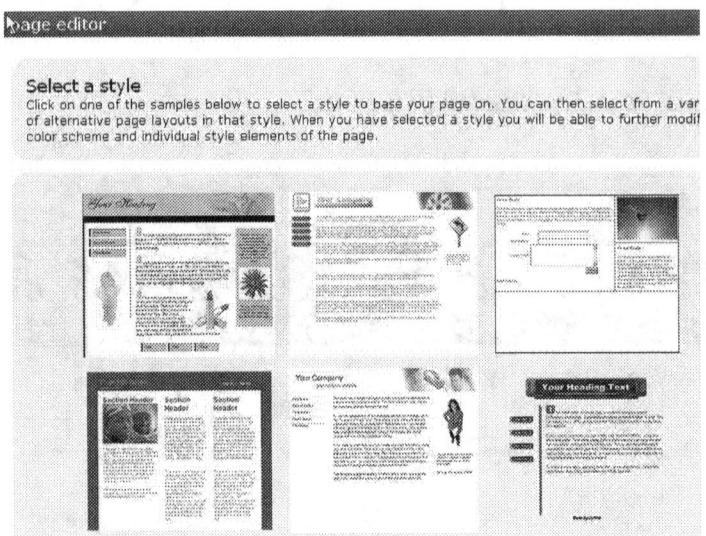

En cada "estilo" o "look & feel" hay diferentes tipos de funcionalidad, tal como hojas para presentar graficos, texto o para recibir feedback.

Si elegimos esta última variante, el ASP nos muestra una pagina Web como la de la figura 93 en la que solamente necesitamos reemplazar textos y graficos con los propios.

Figura 93: Completando una pagina Web de feedback (ejemplo)

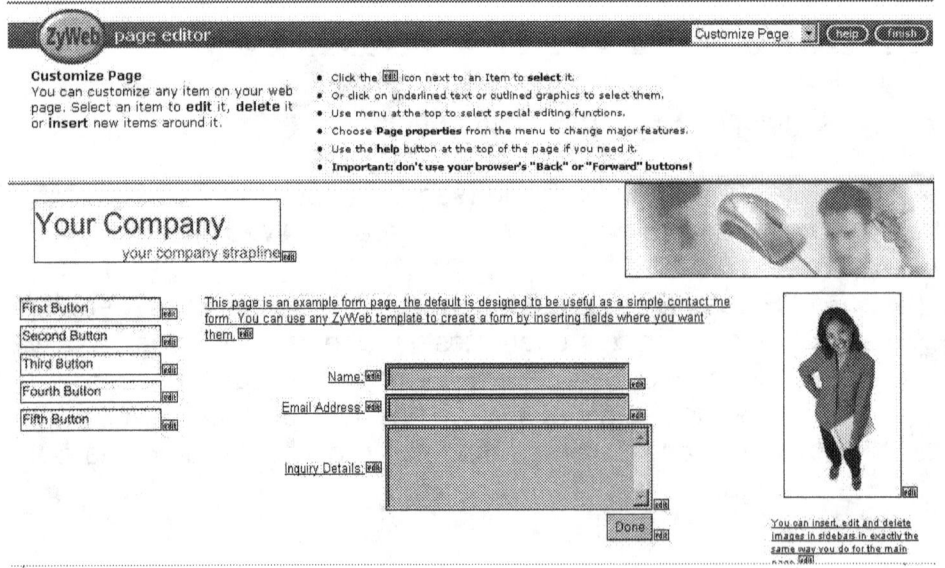

Una vez completada nuestra pagina, todo lo que debe hacerse es publicarla siguiendo dos simples pasos

1. Presionar el boton "finish"
2. Presionar "Save and Publish"

Como muestra la Figura 94

Figura 94: Publicando la pagina Web

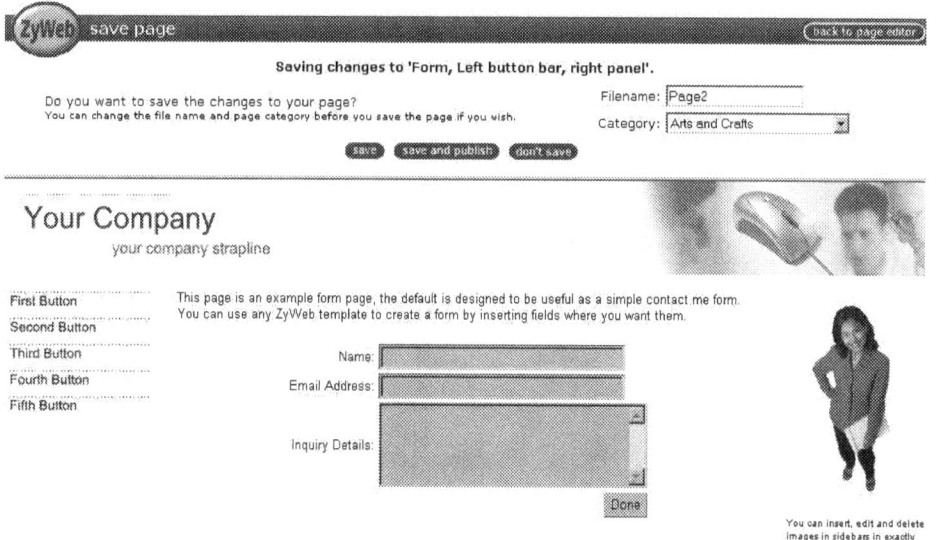

Y el server ASP nos mostrara un enlace o URL que podemos usar para acceder a la nueva página Web que acabamos de crear.

Figura 95: El ASP crea una pagina y nos da su URL

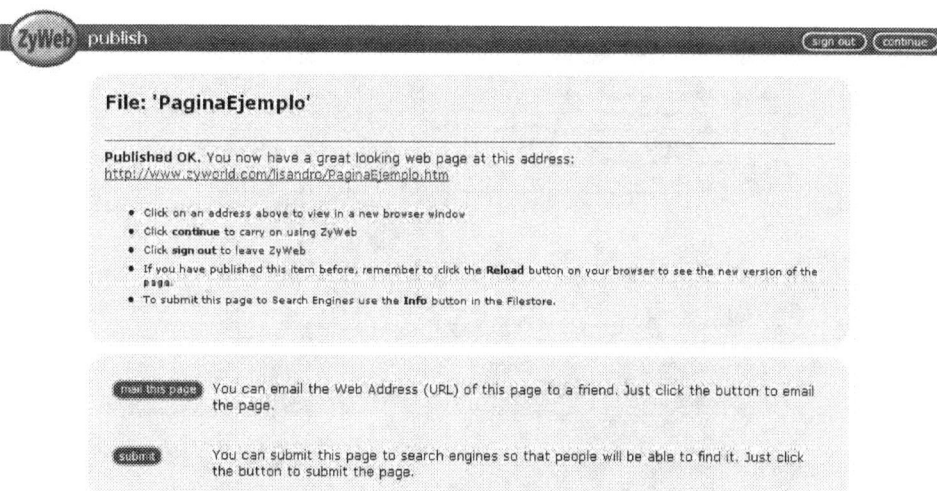

En este ultimo paso, podemos terminar (sign out) o continuar, yendo al archivo general o "filestore" que guarda nuestras paginas e imágenes ya publicadas o guardadas en el server.

Figura 96: Archivo de paginas Web creadas en el ASP (filestore)

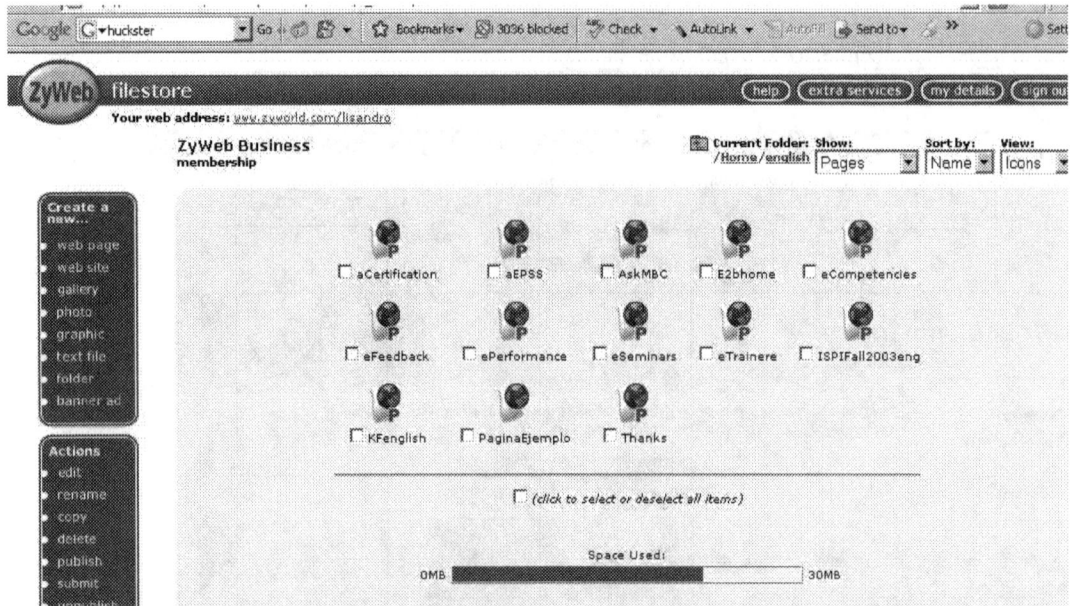

Si deseamos hacer nuevas modificaciones a la pagina creada –en nuestro caso llamada *PaginaEjemplo-*, la seleccionamos marcando un tilde junto a su nombre en el filestore y clickando la Accion "edit" accedemos al editor como muestra la Figura 97

Figura 97: Editando una pagina creada

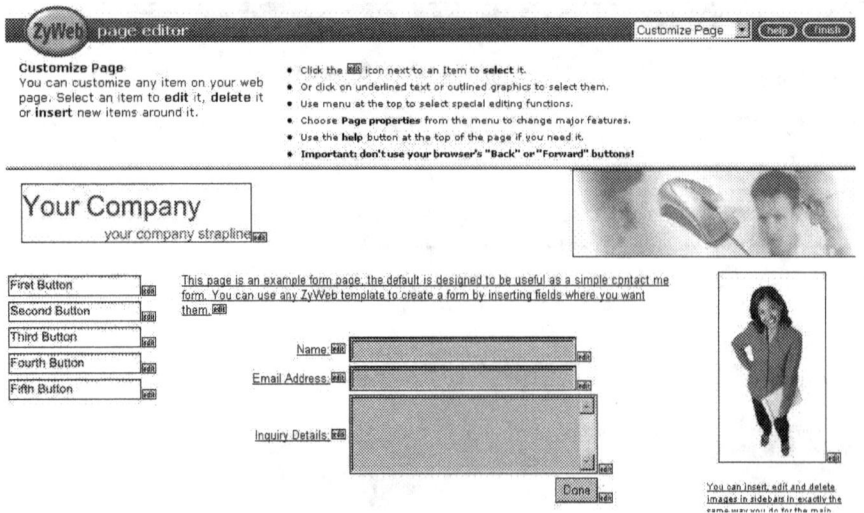

Para todos los cambios, agregar imágenes de nuestro ordenador o del Web, colocar carteles, cambiar letras, crear botones, publicar, borrar o republicar paginas o imágenes, todo lo que tenemos que hacer es usar los controles del Filestore que presenta la imagen de la izquierda.

Este set de controles permite tambien acceder a un Tutorial detallado del uso de la herramienta y a las preguntas mas frecuentes a traves del "How to..."

Grupos Asincronicos

Los grupos asincronicos conocidos como Foros o Discussion Board se cuentan entre las primeras funciones del Internet. A fines de la decada del 80, antes de existir el World Wide Web, existian grupos de usuarios conectados por medio telefonico llamados *Bulletin Board Systems* o *BBS*[159] que conectaban usuarios directamente como un "hobby" similar al de los radioaficionados.

Estos grupos funcionaban en el contexto mas amplio de las llamadas redes de usuarios o *Usenet*[160] , que comenzaron en la decada del 70, principalmente entre universidades de California, para evolucionar a partir de 1995 hacia grupos de usuarios en el Web[161].

En la acualidad, los principales portales y buscadores del Web tienen servicios de grupos asincronicos gratuitos. Tomaremos Google Groups, uno de los más completos y populares, asociado al motor de busqueda líder de la

---

[159] Para mas informacion sobre BBS, consultar la URL:
http://en.wikipedia.org/wiki/Bulletin_board_system
[160] Para mas informacion sobre Usenets, consultar la URL:
http://en.wikipedia.org/wiki/Usenet#Usenet_history
[161] Para un directorio de grupos de usuarios Usenet, consultar la URL:
http://www.usenetnewsgroup.net/

industria, para ilustrar su funcionalidad y la forma en que pueden usarse para e-Learning.

Los grupos Google permiten

- ❑ Crear un numero casi ilimitado de foros de discusion en el Web de acceso publico o privado en forma gratuita
- ❑ Publicas y compartir materiales o archivos entre todos los miembros
- ❑ Generar avisos por correo electronico a todos los miembros

Esta última función es especialmente importante para el instructor online, ya que le permite responder en forma inmediata y mantenerse informado por email de la actividad de sus participantes.

Además de los usos educativos, los grupos asincronicos online tienen muchas aplicaciones prácticas directas al trabajo o la vida privada. Entre algunos de ellos, por ejemplo, asociaciones de propietarios en propiedad horizontal o condominios pueden mantenerse al tanto y participar de discusiones y votaciones que los afectan aún cuando no puedan asistir en forma directa.

Del mismo modo, grupos de trabajo, inversionistas, vecinos o cualquier otro tipo de grupos numerosos y dispersos pueden votar, tener una participacion plena y acceder a informacion previa a reuniones presenciales en forma continua.

Para crear un grupo Google, todo lo que se requiere es tener una direccion de correo electronico –Google proporciona el servicio gratuito de Gmail tambien en este sentido- y acceder a la URL de Google Groups, http://groups.google.com/, para crear una cuenta, establecer una identidad y comenzar a crear multiples grupos.

Una misma persona puede crear y participar en multiples grupos y –mientras mantenga la misma identidad-, acceder a todos ellos –y a aquellos que no ha creado pero en los que participa- por esta misma URL.

La Figura 96 muestra el listado de los grupos en los que participa el autor. Hay entre ellos grupos de estudio de sus alumnos de Master y Doctorado en la Universidad –*mdgotopico2, mdgo910, groupsCACSA*-, grupos de asociaciones profesionales como ISPI –*HPT Human Performance Technology – Tecnologia del Desempeño, Performance Improvement International Activities, ProComm Dialogue*- e inclusive un grupo de vecinos de su condominio –*Contemporaine*-.

Los miembros de algunos grupos estan en Estados Unidos, otros en Europa o America Latina, y otros en el mismo edificio en el que vive el autor.

Cada vez que algun miembro publica algo en alguno de los grupos, el autor recibe un correo electronico en su Outlook que le mantiene informado y le permite responder individualmente por email o en forma publica a traves de colocar una respuesta en el foro Google respectivo.

Figura 98: Creacion y mantenimiento de Google Groups

Los usuarios pueden ver un perfil y fotografia del participante, y controlar regularmente los nuevos mensajes entrando en un solo sitio.

Las funciones basicas de los Grupos Google incluyen

- Tablero de Discusion
- Informacion sobre los miembros
- Paginas de informacion compartidas
- Archivos compartidos (documentos, fotos, imágenes, etc.)
- Correo electronico de aviso a todos los participantes

La Figura 99 muestra un panorama de todas las funciones tipicas en un Google Group como se presentan a los miembros al acceder.

Figura 99: Funciones de un Google Group

En este grupo en particular, que el autor comparte con sus alumnos doctorales en Mexico, cada participante puede colocar páginas Web de proyectos que está llevando adelante con sus clientes para revision, evaluacion y comentario como se muestra en la Figura 100.

Figura 100: Revision de proyectos con Google Groups

Una vez revisado el material, el profesor puede colocar sus comentarios en los grupos de discusion para todo el grupo. Cada vez que haya una respuesta, recibirá un correo electronico con la misma que lo mantendrá al tanto sin necesidad de ingresar a cada foro.

Figura 101: Foros de discusion en Google Groups

Como puede verse, esta capacidad es de vital importancia para la productividad de un profesor, coordinador o gerente que interactue virtualmente con grupos numerosos y deba mantener una capacidad de respuesta y feedback casi instantanea.

Calendarios compartidos

La coordinacion de grupos de estudio o trabajo online ubicados en diferentes lugares geograficos y husos horarios requiere compartir multiples calendarios de actividades y actualizarlos en forma inmediata.

Cuando un profesor o instructor de un programa online hace cambios en fecha de entrega de trabajos, horarios para una actividad sincronica como una videoconferencia, o cuando un grupo de estudio establece un plan de trabajo conjunto, precisan contar con un calendario online, que actualice en forma automatica los cambios y los comunique a todos los involucrados.

Para ilustrar las funciones y manejo de los calendarios compartidos ofrecidos por diferentes ASPs del Web 2.0., utilizaremos *Google Calendar,* de modo que el lector pueda integrarlo con sus Google Groups y sus otras actividades online. *Yahoo, AOL, MSN* y otros competidores de Google en el area de servicios Web 2.0 ofrecen productos de caracteristicas funcionales casi identicas, de modo que todo lo que explicaremos en esta seccion puede ser facilmente aplicado a cualquiera de ellas.

El criterio de selección de una herramienta sobre otra debe ser un balance entre (a) el tipo de servicios al que estan acostumbrados los participantes y (b) la conveniencia e integracion en un solo "tablero" para el organizador. Dado que los sistemas son universales, similares y gratuitos, el criterio (b) puede ser el más aconsejable si el lector tiene a su cargo un número grande o creciente de grupos online.

Para crear un Google Calendar en forma inmediata y gratuita, solo hace falta acceder a la URL http://www.google.com/calendar/

Cada usuario puede crear multiples calendarios e invitar a compartirlos a quienes desee por medio de correo electronico.

Los eventos pueden ser mostrados por horas, dias, semanas o meses, y se pueden agregar o mover dentro del calendario clickando en las celdas de las fechas requeridas o dragando eventos ya definidos.

La Figura 102 muestra la forma en que aparecen configurados multiples calendarios del autor, que pueden ser compartidos con grupos diferentes que a su vez no colaboran entre si. En el caso ilustrado, hay dos calendarios personales que el autor comparte con amigos y familiares en Estados Unidos, en España y en America Latina, y dos calendarios de trabajo, uno correspondiente a actividades internacionales de ISPI y otro referido a las clases y actividades en Mexico de un programa doctoral.

Figura 102: Configuracion de multiples calendarios compartidos

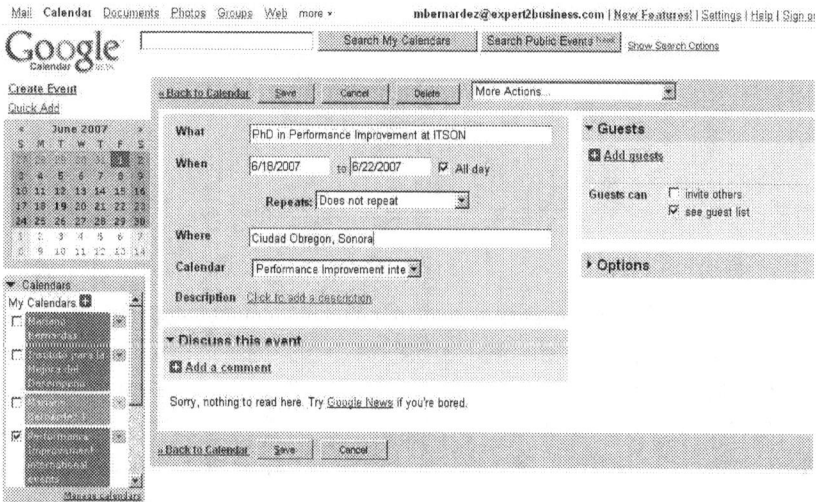

Clickando en cada dia puede crearse un evento como lo ilustra la Figura 103.

Figura 103: Creacion de un evento en Google Calendar

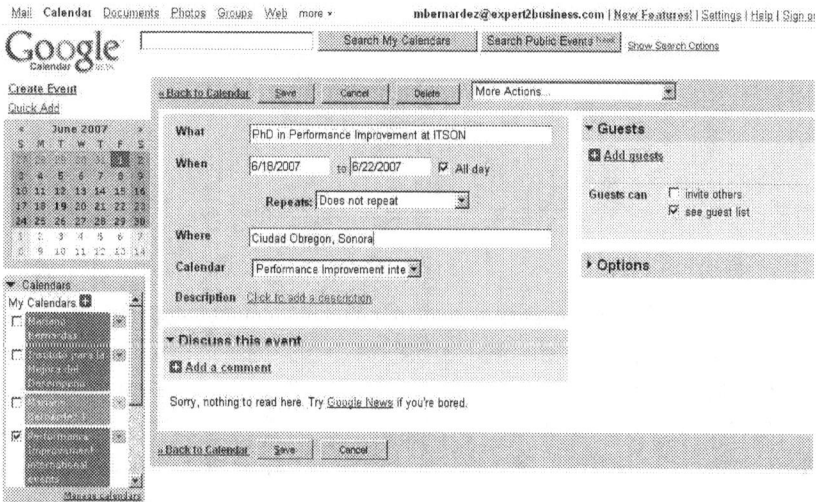

El Calendario permite establecer la duracion, lugar y horario del evento, asi como invitar o notificar a determinados participantes. Al incluir participantes en el evento, Google Calendar puede automaticamente comunicar a cada uno por correo electronico del nuevo evento o cambios, como ilustran las Figuras 104 y 105.

Figura 104: Inclusion de participantes en Google Calendar

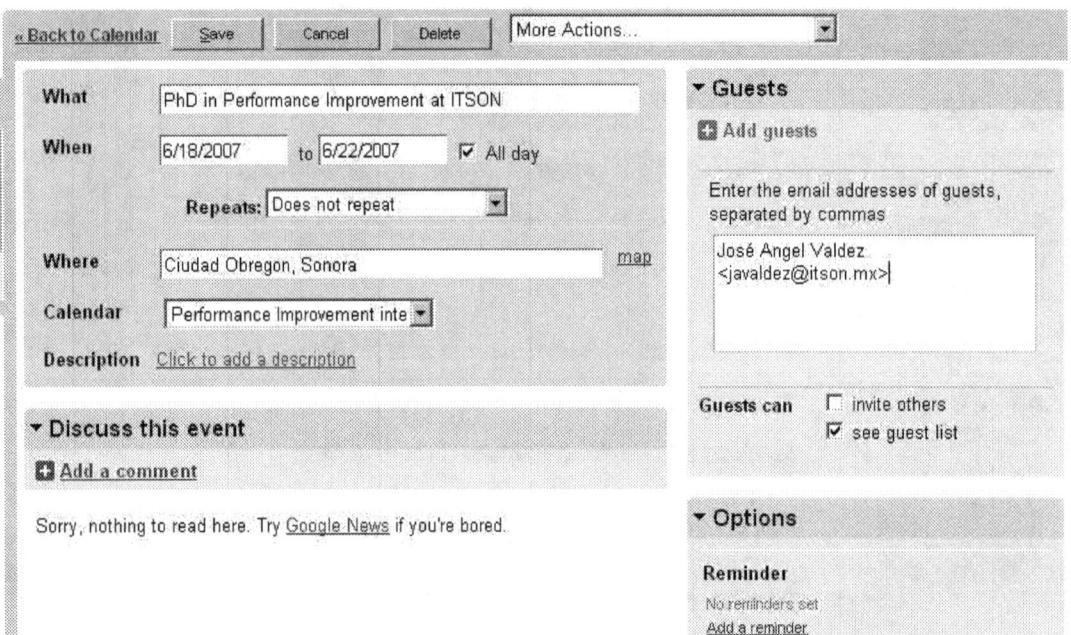

Figura 105: Notificacion a participantes de cambios o eventos en el Calendario

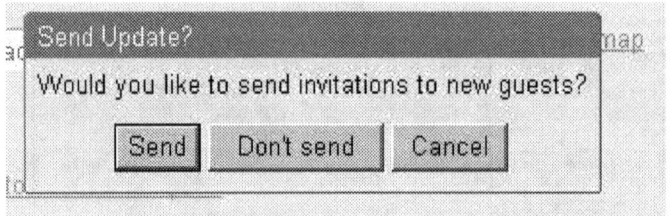

El uso de calendarios compartidos permite al instructor –eTrainer- de cursos online o al coordinador –eManager- de equipos de trabajo virtual, aumentar significativamente su capacidad de coordinación y respuesta a grupos múltiples y dispersos de participantes. Google Calendar reemplaza con ventaja la necesidad de un departamento administrativo que notifique y haga seguimiento de clases, reuniones o proyectos.

Videoconferencias

En el Capitulo 1[162] explicamos que el uso de television en educacion a distancia fue introducido en las escuelas de Iowa y Kansas ya en 1930, operando en un solo sentido –transmision en cadena o 'broadcasting"-.

Hacia 1950-51 comenzaron a dictarse cursos por TV que incluian la posibilidad de que los alumnos en diferentes localidades o aulas interactuaran con el profesor y con los demas estudiantes mediante preguntas y presentaciones en ambos sentidos.

Este es el concepto central de la videoconferencia: un sistema de doble via que conecta a los participantes con sonido e imagen en tiempo real (sincronico)

Los sistemas escolares de los países más desarrollados de Europa y Estados Unidos comenzaron a construir sistemas de videoconferencias complejos y sofisticados, como el que presenta la Figura 106, implementado en el estado de New York

Figura 106 Sistema de videoconferencia educativa (Estado de New York)

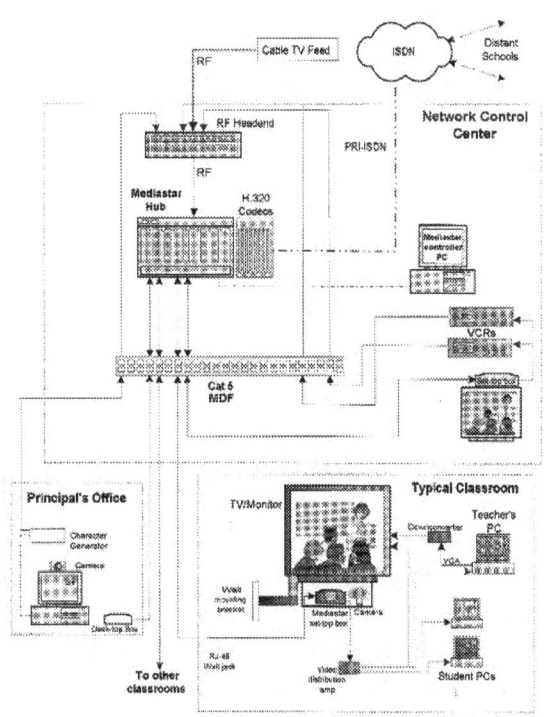

---

[162] Ver Hitos de la Educacion a Distancia en el Capitulo 1

Videoconferencia set/top[163]

En este sistema podemos ver la combinacion de las dos modalidades más comunes de videoconferencia: el sistema de aulas con video o "set-top[164]" en el que se utiliza un equipo especial sobre una linea telefonica de alta velocidad llamados Red Digital de Servicios Integrados o ISDN[165] que ilustra la Figura 107

Figura 107 Videoconferencia "set/top"

En este sistema, se utiliza una camara especial y un equipo de codificacion de imagen y sonido llamado Codec, colocado generalmente junto al equipo de videoconferencia como muestra la Figura 108.

Figura 108: Equipo de videoconferencia "set-top"

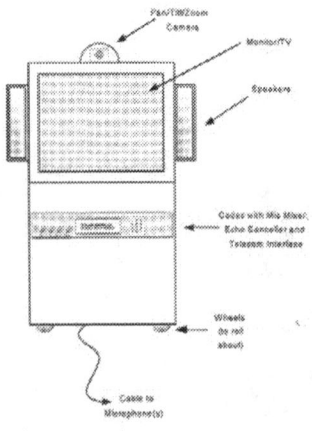

---

[163] Para ver una demostracion de videoconferencia online, ver URL:
http://www.expert2business.net/Videos/Videoconf100full.wmv
[164] Para mas informacion sobre set-top videoconferencing, ver URL:
http://en.wikipedia.org/?title=Video_teleconference
[165] Para mas informacion sobre ISDN ver URL:
http://es.wikipedia.org/wiki/Red_Digital_de_Servicios_Integrados

La videoconferencia set-top solo puede hacerse enter equipos compatibles, generalmente ubicados en forma fija y permanente en salas de videoconferencia.

Dado su costo y complejidad, la tecnologia set-top ha sido aplicada principalmente en grandes empresas o proyectos educacionales.

Mas recientemente, sin embargo, empresas de servicios de fotocopiado y apoyo de oficinas como *Kinko's/FedEx*[166] han comenzado a ofrecer servicios de set-top en los que el cliente solo debe invitar a su interlocutor a utilizar otra tienda *Kinko's/FedEx* para comunicarse.

Videoconferencia "desk top"[167]

En la videoconferencia "desk top", el usuario puede comunicarse de PC a PC con otro usuario con video y sonido utilizando su conexión a Internet con un ancho de banda minimo –usualmente 128 Kbps son suficientes-,

Los usuarios del sistema de escritorio a escritorio o desk-top usan una sencilla Web cam, un microfono y su PC sin otros requerimientos que una conexión rapida a Internet, como ilustra la Figura 109.

Figura 109: Equipo para videoconferencia desk-top

El software de videoconferencia desk top es gratuito, y se encuentra incluido en *Windows* –como *Microsoft NetMeeting*-, o en servicios de mensajero instantaneo, como *Messenger, Yahoo Messenger* o *AOL Messenger*. La figura 110 muestra una imagen de una videoconferencia entre dos instructores –uno en Madrid y otro en Buenos Aires- utilizando NetMeeting –

---

[166] Para más información sobre el servicio de videoconferencias Kinko's/FedEx, ver URL: http://www.fedex.com/us/officeprint/storesvcs/technology/videoconf.html
[167] Para ver una demostracion de videoconferencia desk top, ver URL: http://www.expert2business.net/Videos/TrabajoVirtual1.wmv

para video- y Messenger para texto, pizarra blanca y compartir archivos y aplicaciones.

Figura 110: Videoconferencia "desk-top" usando MS Messenger

El sistema Skype[168] para videoconferencias "desk top"

El uso de videoconferencias "desk top" por Messenger o NetMeeting, sin embargo, permaneció limitado a usuarios más expertos, pues requería identificar los IP[169] de cada emisor y de ese modo evitar la intrusion de llamadas no deseadas e incluso "hackers" a traves de la red publica de Messenger.

En el año 2003, los suecos Niklas Zennström y Janus Friis crearon una pequeña compañia que ofrecia comunicación por videoconferencia entre PCs en forma gratuita llamada Skype.

El sistema Skype tuvo un éxito masivo inmediato debido a su robustez, buena performance y facilidad de uso, permitiendo a millones de usuarios Web 2.0 en todo el mundo comunicarse por chat, sonido o video.

En el año 2005, eBay compró Skype por 2.600 millones de dolares para incorporarlo en su sistema de venta de productos de usuario a usuario o mercado digital.

Para comenzar a usar el sistema Skype en videoconferencia solo es necesario contar con una Web cam, conexión a Internet rapida, microfono

---

[168] Para mas informacion sobre Skype, ver URL: http://es.wikipedia.org/wiki/Skype
[169] IP: Internet Protocol: codigo numerico que identifica a cada ordenador en Internet. Para mas informacion sobre IP, ver URL: http://es.wikipedia.org/wiki/Direcci%C3%B3n_IP

(por lo general incluido en las Web cams mas recientes) y acceder a la URL: http://www.skype.com/intl/en/download/skype/windows/downloading.html para descargar e instalar el sistema en unos pocos minutos.

Una vez instalado, el nuevo usuario debe registrarse con un nombre de usuario e invitar a quienes desea hacer participar en videoconferencias siguiendo el mismo procedimiento de cualquier mensajero instantaneo.

El primer paso para poder hacer llamadas de videoconferencia es chequear y habilitar la camara. Para ello, es preciso ir a la seccion Tools/Herramientas y seleccionar Options/Opciones como muestra la Figura 111.

Figura 111: Accediendo a la configuracion de video de Skype

Una vez seleccionadas las Options /Opciones, aparecera la pantalla de la Figura 1120, en la que debemos seleccionar Video/BETA para verificar y configurar la camara para todas las futuras llamadas y videoconferencias.

Figura 112: Configurando Skype para videoconferencias

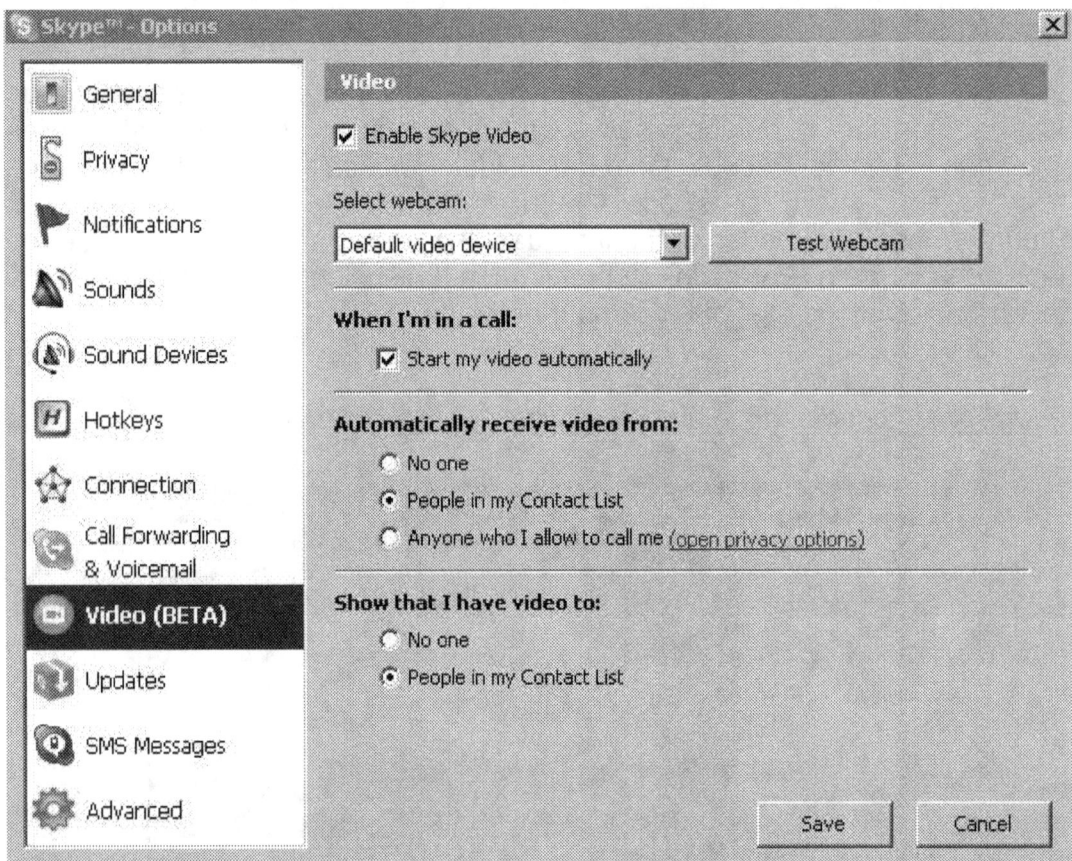

Seleccionando las mismas opciones que en este ejemplo, Skype quedara listo para una videoconferencia.

Se aconseja usar la opcion Test Webcam / Probar Videocamara para asegurarse de que el hardware esta correctamente conectado.

Una vez preparados, debemos agregar los usuarios de Skype con los que queramos hacer videoconferencias a nuestra lista, ingresando sus nombres de usuario. Aquellos usuarios que tienen capacidad de videoconferencia apareceran con Web cams celestes junto a sus nombres.

Para comenzar una videoconferencia, conviene llamar por chat al destinatario para asegurarse de que esta disponible y pulsar el boton verde de llamada junto a su nombre. Al aceptar la llamada, los usuarios quedaran conectados por videoconferencia como muestra la Figura 113.

Figura 113: Llamadas de videoconferencia por Skype (uno a uno)

En la parte superior estan los comandos para agregar contactos, buscar contactos, llamar a telefonos, iniciar una audioconferencia de Skype a Skype o enviar Chat de texto.

La linea de mas abajo muestra los contactos, el dial pad para llamar a un telefono y el acceso a la historia de llamados anteriores

En la pantalla aparecera una particion tipo "picture in picture" que muestra en la pantalla grande a la persona con la que nos comunicamos y en la mas pequeña nuestra propia imagen.
Clickando sobre la imagen podemos hacerla crecer a pantalla completa (volvemos al tamaño inicial pulsando la tecla "Esc")

La camara celeste estara indicando "Stop my video" cuando estemos emitiendo o "Start my video" cuando no este saliendo nuestra imagen
El boton verde es para llamar y el rojo para colgar

Skype permite comunicarse por video con multiples usuarios (Figura 114), dependiendo del ancho de banda disponible en nuestro servicio.

Figura 114: Videoconferencia de Skype entre multiples usuarios

Figura 115: Videoconferencia Skype a pantalla completa

El uso de pantalla completa es conveniente cuando la videoconferencia se realiza con un grupo numeroso –para ver a los participantes individuales- o cuando se realiza una sesion de coaching o de negociacion en la que ver el lenguaje corporal del interlocutor es un factor clave para una comunicación interpersonal fluida.

Utilizar pantalla completa permite a los interlocutores visualizar flipcharts y carteles fisicos, asi como proyecciones Power Point realizadas en sala. En esos casos, es fundamental coordinar de antemano la posicion de la Web cam y pedir al co-facilitador que dirija la camara al grupo o material que debemos visualizar.

Es posible utilizar Skype para comunicar a un instructor con un grupo presencial numeroso. En este caso, se recomienda proyectar la imagen del instructor en la pantalla con la ayuda de un proyector LCD y utilizar un microfono inalambrico para permitir a los participantes formular preguntas y comentarios al instructor virtual.

Figura 116: Videoconferencia Skype con grupo numeroso e instructor virtual[170]

Metodologia para animar una videoconferencia

El uso de Skype para videoconferencias de estudio o trabajo permite un rico trabajo sincronico que debe seguir las reglas presentadas en el Capitulo 4, para los elementos clave del instructor sincronico y que reproducimos aquí para reforzar los conceptos metodologicos:

❑ *Timing:* la duración máxima recomendada de una videoconferencia es de 60 minutos. Las actividades se miden en minutos o segundos, en lugar de horas.

❑ *Preparación:* el coordinador debe preparar con antelación los materiales de la sesion así como claras consignas para la interacción y participación grupal.

❑ *Enseñanza en equipo:* el instructor debe trabajar en equipo con un co-instructor de modo de que uno pueda atender a la presentación general y otro a las consultas o problemas generales.

❑ *Manejo de clima y participación:* el instructor debe preparar una gama de preguntas y actividades participativas extra que mantengan la atención y permitan el aprendizaje grupal.

❑ *Aplicación práctica:* el instructor debe "hacer hacer" a los participantes en forma continua, incluyendo preguntas cada 2 o 3 minutos a los participantes.

---

[170] Para ver la demostracion de videoconferencia con LCD, ver URL: Por la URL: http://www.expert2business.net/Videos/CV%20Cierre%20short.wmv

❑ *Voz, Posición:* el rol del instructor en la videoconferencia es más parecido al del moderador de un buen programa radial que al de un catedrático. El aula virtual es un medio limitado para transmisión de información o conferencias. Su mejor rendimiento procede de utilizar intensivamente dinámica grupal.

❑ *Enseñar a aprender:* el instructor debe en cada clase enseñar a los participantes tanto el uso de las funciones del aula como las formas más efectivas de participación mediante el ejemplo y la aplicación práctica.

❑ *Evaluación continua:* el instructor debe tener preparadas preguntas para verificar el avance del grupo y los individuos en términos de aprendizaje y muy particularmente, de la forma en que se produce, consultando frecuentemente sobre el ritmo, recepción y status técnico de los alumnos.

Es fundamental el controlar la propia imagen y asegurarse de tener un "fondo" que no distraiga a los participantes, como un telon o pared blanca, una biblioteca y otros elementos estaticos.

Oficinas Virtuales

La tendencia creciente hacia el trabajo virtual que se describe en el Capitulo 1, con un 25% de la fuerza de trabajo colaborando en entornos Web para prestar servicios profesionales o de produccion ha generado un importante numero de aplicaciones para oficinas o entornos de trabajo virtual.

La Figura 117 muestra la gama de herramientas de e-performance (Bernardez, 2003) disponible para cuatro areas funcionales clave:

1. *Distribución de conocimientos,* con interaccion asincrónica y en tiempo real
2. *Adquisición de conocimientos*, con búsqueda y captura –data mining, motores de busqueda-, intercambio y gestión de documentos
3. *Gestión de conocimientos*, enfocada a el manejo de proyectos, gestión de equipos virtuales y tableros de control y medición de resultados
4. *Creación de conocimientos*, centrada en la organización de "fábricas virtuales" y oficinas virtuales capaces de producir bienes o servicios en forma global.

Estas cuatro dimensiones de los procesos de e-performance o sistemas de desempeño online permiten a compañías como Dell, IBM o Accenture en

Estados Unidos, o Tata Industries en la India producir y distribuir bienes y servicios mediante la organización de una fuerza de trabajo global que opera desde diferentes países aprovechando sus ventajas relativas de coste, calidad y expertise conectándose con colaboradores y clientes a través de sistemas Web 2.0.

Figura 117: Mapa de tecnología de e-Performance (Bernardez, 2005)

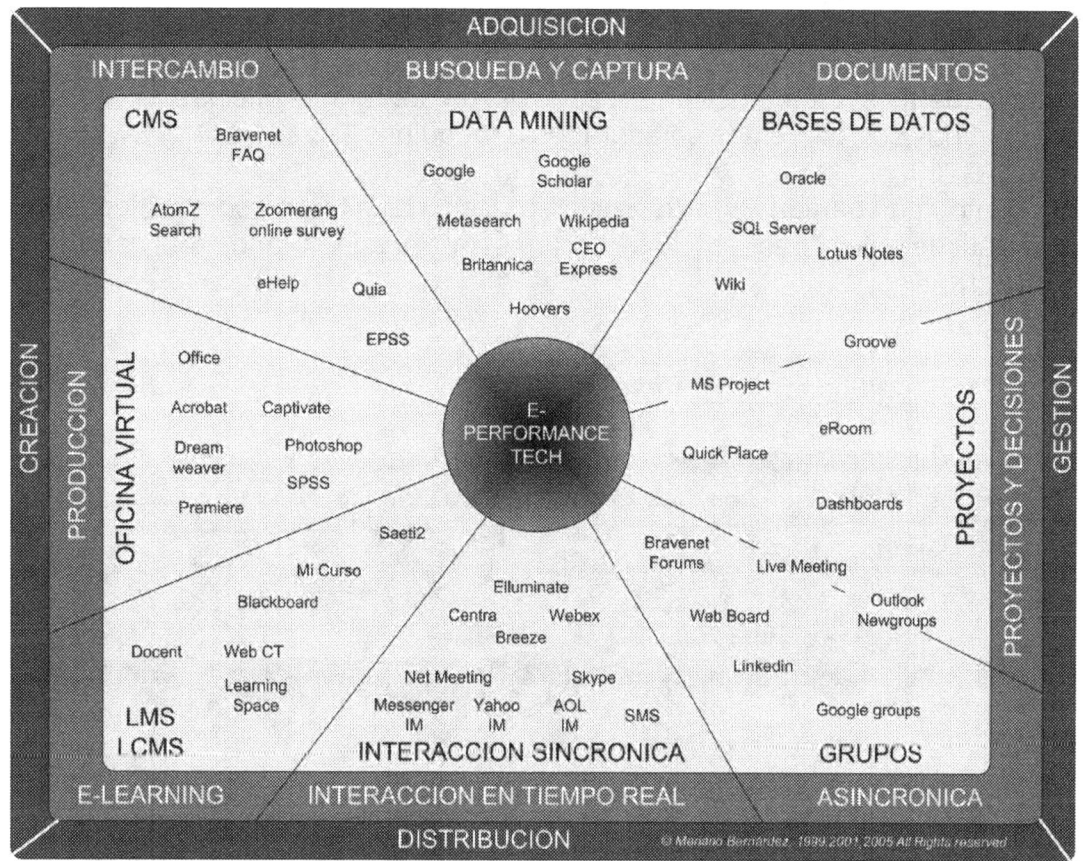

En esta seccion usaremos *Groove Networks*[171] como modelo accesible de entorno de trabajo virtual, ya que reune casi todas las caracteristicas de otros sistemas corporativos de oficina virtual en un formato adaptable a un usuario individual.

Groove puede ser adquirido como parte de la suite Office 2007 y descargado para free trial del URL: http://www.groove.net/downloads/groove/download-preview.cfm

Groove permite armar una red de usuarios compartiendo diversas funciones integradas, tales como

---

[171] Para mas informacion sobre el origen y enfoque de Groove Networks, ver URL: http://en.wikipedia.org/wiki/Microsoft_Office_Groove

- Calendario
- Revision de documentos
- Archivos
- Presentaciones Power Point
- Gestion de reuniones virtuales
- Chat
- Mensajero instantaneo
- Compartir aplicaciones
- Generador de ideas (Mind Manager)

Groove permite crear múltiples espacios de trabajo u oficinas virtuales y compartirlos con diferentes colaboradores y equipos.

El punto de partida o referencia es el Calendario compartido, que automaticamente "traduce" los horarios al huso horario de cada PC receptora.

Figura 118: Calendario e interfase de Groove

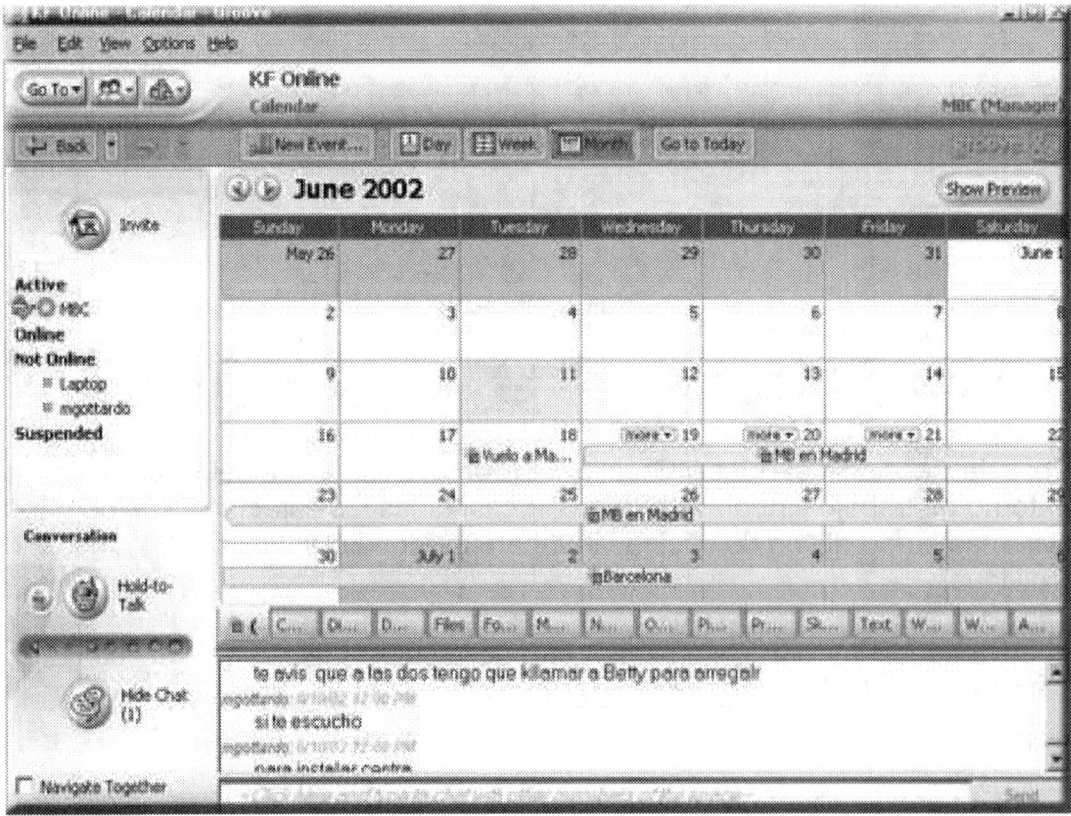

Al trabajar con el Calendario Groove, los usuarios del espacio de trabajo pueden interactuar en tiempo sincronico mediante un chat de texto y una conexión de voz, como ilustra la Figura 119.

Otra herramienta poderosa del espacio de trabajo es el area de revision de documentos compartidos, que permite a los miembros de equipos virtuales revisar y mantener seguimiento de sucesivas versiones en forma organizada.

Figura 119: Revision de Documentos compartidos en Groove

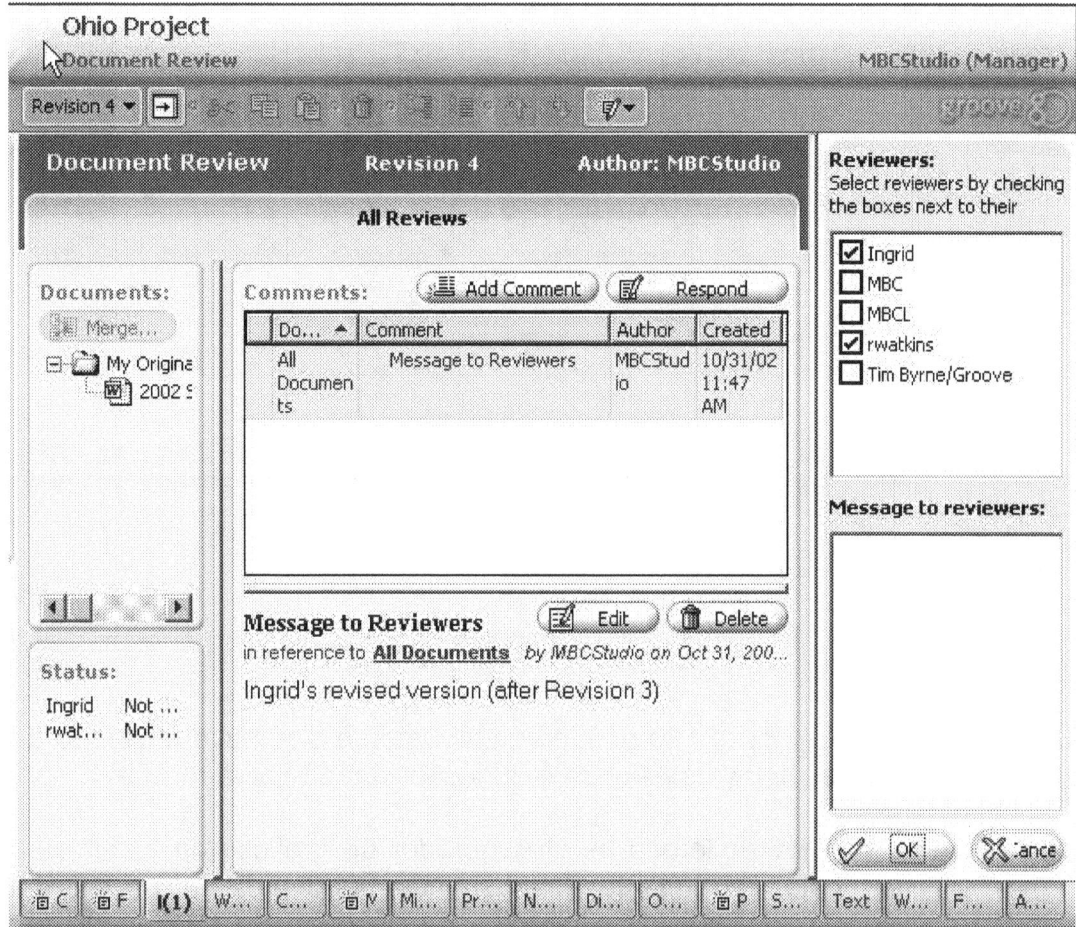

Los participantes pueden tambien organizar reuniones sincronicas con agendas para determinados miembros, que pueden revisar en un solo espacio todos los componentes y llevar minutas.

Las reuniones virtuales requieren mayor preparacion y coordinacion que las presenciales, ya que los participantes deben tener medios para organizar el tiempo, ordenar los documentos a revisar en forma sincronica y separar las tareas previas, las de seguimiento y designar a responsables de determinados deliverables previos, durante la sesion o a posteriori de la misma.

La herramienta de reuniones permite crear en forma rapida y compartir agendas de trabajo entre los miembros del equipo

Figura 120 Administracion de reuniones con Groove

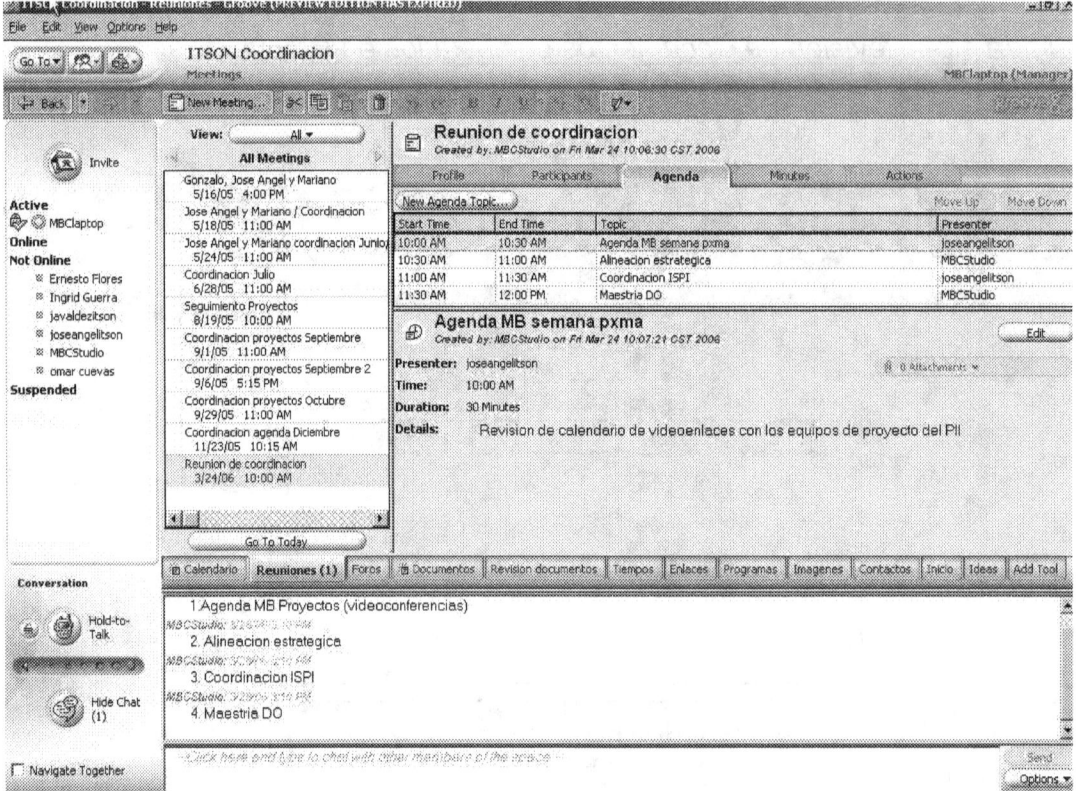

En el ejemplo de la Figura 120 puede verse como se distribuye el tiempo de cada parte de la reunion y se asignan responsabilidades por la misma.

Otra herramienta muy poderosa es el generador de graficos de Gantt para proyectos. Con esta herramienta, los usuarios pueden llevar un calculo general de los tiempos, plazos y recursos de un proyecto que puede ser compartido durante la reunion.

En la oficina virtual, se integran en forma simple herramientas de control de proyectos, manejo de documentos y gestion de reuniones en un solo sector de trabajo virtual.

En el ejemplo de la figura 119, un equipo a cargo de un diagnóstico de necesidades puede compartir con clientes en diferentes estados de los Estados Unidos las fechas previstas de realizacion de actividades, entrega de resultados y toma de decisiones.

Este proceso, que requeriría decenas de correos electronicos individuales entre todos los participantes, puede ser realizado mucho más eficientemente mediante un espacio común de trabajo colaborativo como la oficina virtual.

Figura 121: Control de proyectos por Gantt

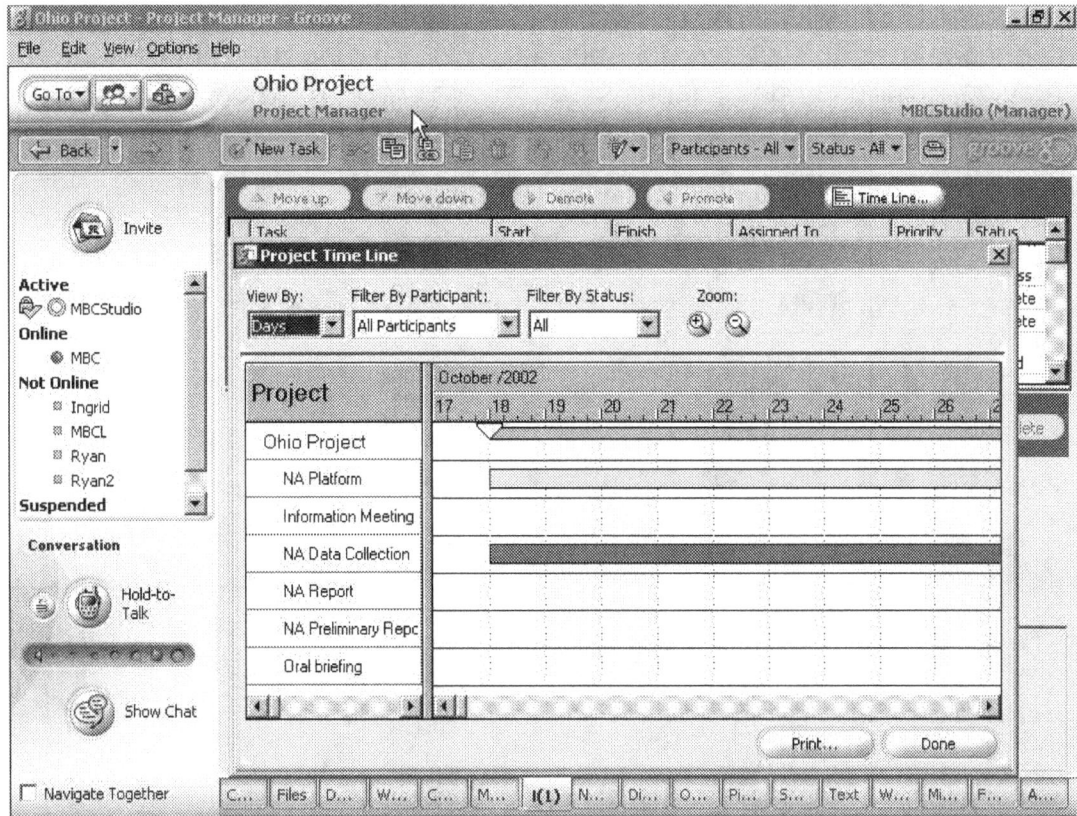

Wikis

El concepto central del Wiki[172] es la construccion y revision conjunta de documentos entre miles de usuarios. El primer Wiki –término Hawaiano que significa "rápido"- fue realizado por Ward Cunnigham en 1994, creando el Wiki Wiki Web.

El Wiki es una aplicación Web 2.0 que permite a multiples usuarios construir, revisar y compartir documentos creando hipervinculos entre ellos en forma continua.

---

[172] Para mas informacion sobre el concepto de Wiki, ver URL: http://es.wikipedia.org/wiki/Wiki

El ejemplo más destacado del Wiki es la enciclopedia colaborativa Wikipedia[173], construida en forma gratuita por miles de usuarios en decenas de idiomas. Wikipedia supera ya en número de articulos y usuarios a la centenaria Enciclopedia Britanica.

Los usuarios de Wikipedia pueden crear, revisar, validar o modificar articulos y entradas mediante el uso del software Wiki. En solo seis años desde su creacion, 5 millones de usuarios crearon y validaron 6 millones de articulos en forma colaborativa y gratuita.

Figura 122: Potencial del Wiki: el caso Wikipedia

Wikipedia

Idioma	Plurilingüe
Fecha de creación	15 de enero de 2001
Articulos	5.385.610
Usuarios registrados	6.166.536
Páginas totales	17.599.279
Ficheros locales	1.109.248

Para nuestra práctica de creacion y aplicación de Wikis, utilizaremos el sistema gratuito Pbwiki; que puede iniciarse accediendo a la URL: http://pbwiki.com/ .

El manejo del Wiki es sumamente intuitivo, como pueden observar accediendo al Wiki eperformance[174], creado por el autor como ejemplo de este libro.

---

[173] Para mas informacion sobre Wikipedia, ver URL: http://es.wikipedia.org/wiki/Wikipedia
[174] URL: http://eperformance.pbwiki.com/FrontPage

Al acceder a un Wiki o para crearlo o editarlo deben seguirse unas instrucciones sencillas e intuitivas colocadas en la misma entrada al sistema. Para comenzar a usar el sistema, el creador de Wikis debe ingresar un nombre a eleccion y una direccion de correo electronico. Estos dos pasos lo habilitan para comenzar a crear multiples Wikis.

Figura 123: Creacion de Wiki con PB Wiki

Sucesivos participantes pueden ir editando, ampliando y corrigiendo los diferentes documentos, como en el ejemplo de eperformance de la Figura 124.

Figura 124: Modificacion y construccion de un Wiki (ejemplo)

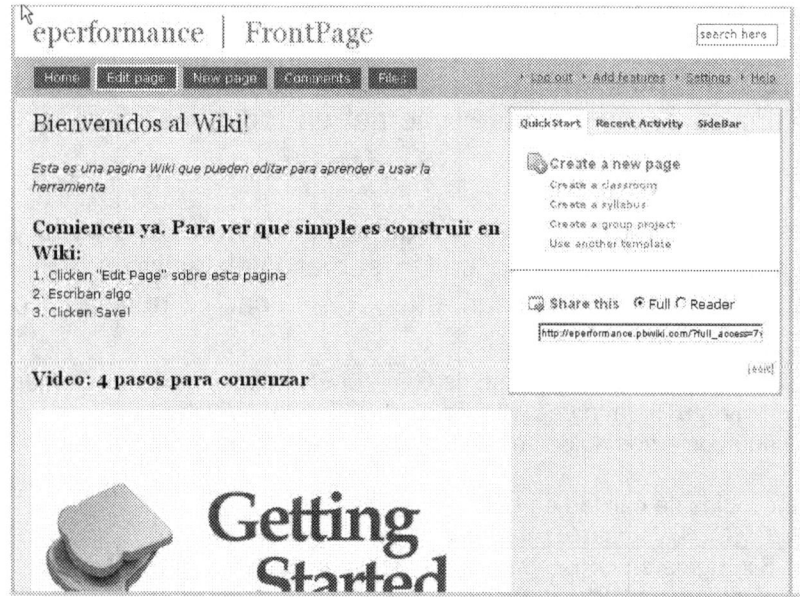

Cada nuevo creador de Wiki usa el comando "Edit Page" para actualizar y cargar los elementos de texto, imagen o sonido a la página ya creada.

El uso de Wikis como metodologia de e-Learning tiene importantes aplicaciones tanto en el ambito educacional como en el empresarial:

- ❏ *Usos educacionales:* los Wikis son un excelente vehículo para interesar a estudiantes en la busqueda, difusión y validación de información y conocimientos, así como en las ventajas de la colaboración y trabajo en equipo. Dado que los Wiki soportan casi todas las formas de multimedia, pueden también ser un excelente vehículo para literatura, expresión personal y artística, además de constituir comunidades sociales virtuales organizadas en torno a intereses comunes.

- ❏ *Usos empresariales*: los Wikis son un vehiculo adecuado para lograr extraer el conocimiento organizacional que, como dijera Jack Welch[175], "está perdido en alguna parte de la organización".Un sistema de Wikis complementa estrategias colaborativas y de mejora continua como los *grupos autodirigidos*[176], *circulos de calidad*[177], *Six Sigma*[178] o *workouts*[179] al hacer este conocimiento accesible a toda la organización.

Blogs

El uso de sitios Web personales o Blogs[180] se ha convertido en un fenomeno cultural global caracteristico del siglo 21.

Millones de blogs reflejan noticias, arte, literatura, musica, tendencias sociales y vidas personales de usuarios del Internet en todos los idiomas y partes del mundo.

Un Web log o Blog es una pagina Web que puede ser directamente creada y actualizada por el autor en forma gratuita en un server Web activo o ASP. Los Blogs pueden transmitir publicamente ("sindicar") noticias o

---

[175] Legendario CEO que llevo adelante el turnaround de General Electric en los años 80. Mas informacion sobre Jack Welch en URL: http://es.wikipedia.org/wiki/Jack_Welch

[176] Mas informacion sobre equipos autodirigidos en URL: http://en.wikipedia.org/wiki/Cross-functional_team

[177] Mas informacion sobre circulos de calidad en URL: http://es.wikipedia.org/wiki/C%C3%ADrculo_de_calidad

[178] Mas informacion sobre Six Sigma en URL: http://es.wikipedia.org/wiki/Six_Sigma

[179] Mas información sobre workouts en URL: http://www.humtech.com/opm/grtl/ols/ols4.cfm

[180] Mas informacion sobre blogs en URL: http://es.wikipedia.org/wiki/Blog

actualizaciones a grupos de usuarios afiliados mediante el uso de la tecnologia de RSS[181] o Real Simple Syndication.

Para leer o recibir actualizaciones de Blogs de interes, el usuario solamente tiene que registrarse en un "Feed collector" como Bloglines.com (URL: http://www.bloglines.com/myblogs), donde puede seleccionar Blogs clasificados por temática y mantenerse informado de los cambios en aquellos en los que participa como autor.

La Figura 125 muestra los Blogs que consulta el autor como ejemplo, en la seccion "Feeds" de Bloglines. En la barra izquierda estan los "feeds" o URL de blogs seleccionados y en el campo derecho se puede leer las novedades de uno de ellos, en este caso, el que usaremos como ejemplo, "eperformance".

Figura 125 Leyendo Blogs mediante Bloglines.com

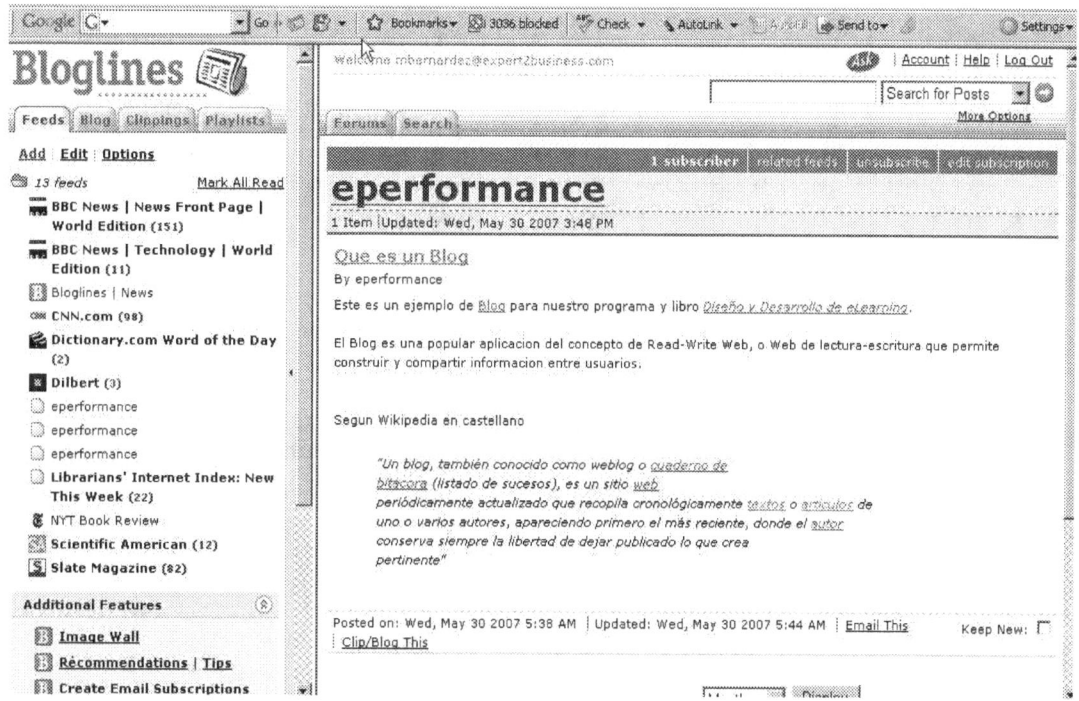

Creando un Blog

Para crear un Blog, usaremos el servicio de Blogger.com (URL: https://www.blogger.com/start), que permite crear un Blog en forma gratuita e intuitiva en solo tres pasos, como ilustra la Figura 126.

Es importante recordar el nombre de usuario y contraseña o dejarlo asignado en el buscador para ingresar en forma inmediata.

---

[181] Mas informacion sobre RSS en URL: http://es.wikipedia.org/wiki/RSS

Figura 126: Creacion de un Blog

Una vez creada la cuenta personal, elegido el nombre del Blog y el tipo de plantilla grafica deseada, se puede comenzar a agregar informacion y crear páginas como la que en hemos creado para este libro, que puede visitarse entrando a la URL: http://eperformance.blogspot.com/

Figura 127: Ejemplo de Blog (eperformance)

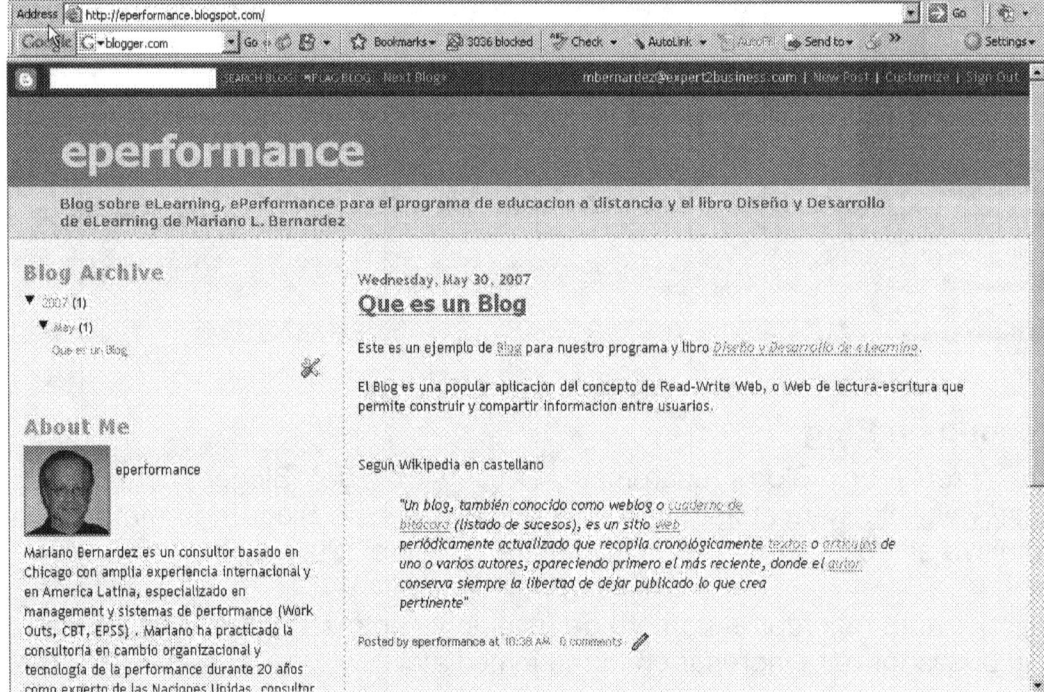

Los Blogs permiten agregar páginas con texto, imágenes o sonido y organizarlas de acuerdo con las preferencias del autor. La interfase para crear páginas tiene los mismos comandos de un procesador de texto como Word, haciendo muy sencilla la creacion de nuevo material

Figura 128: Creando paginas de Blog

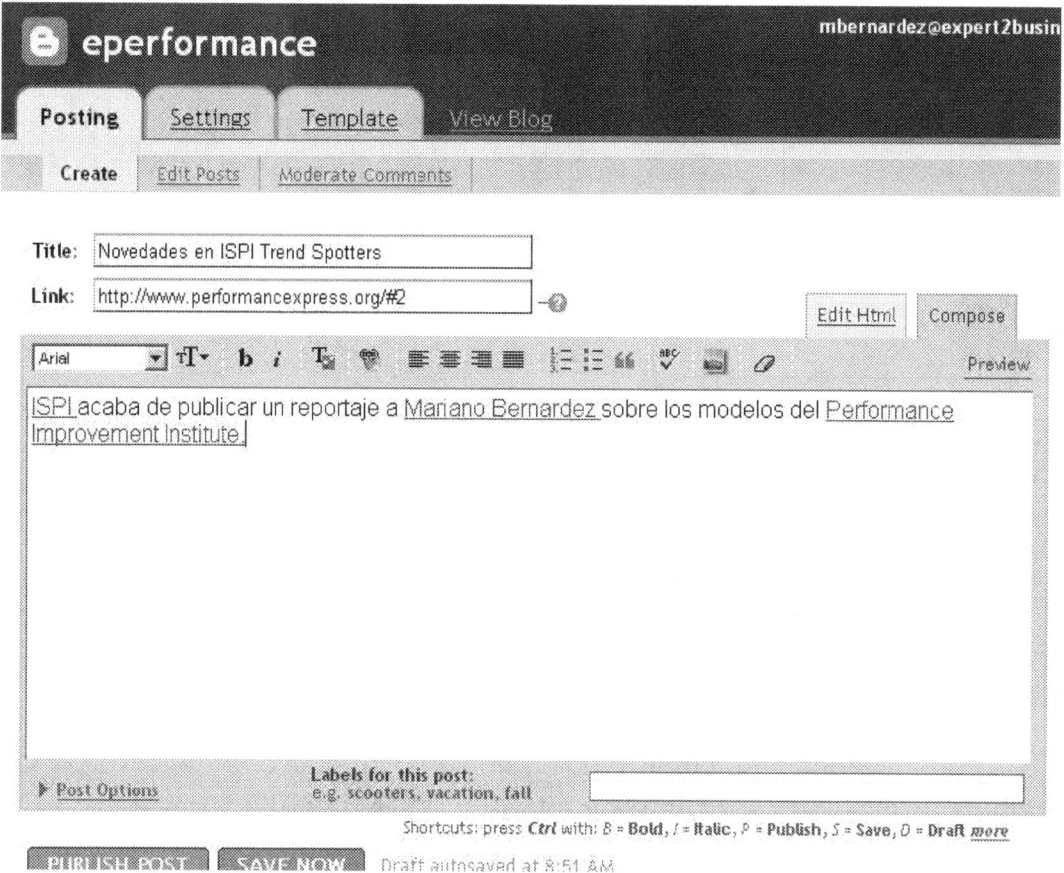

Al publicar la nueva pagina, queda visible en el Blog (Figura 128) y tambien en el lector Bloglines (Figura 126).

Los Blogs crean asi una estructura de difusion a traves de RSS que llega a los buscadores y tambien a otros dispositivos como telefonos moviles y PDAs, creando redes de comunicación entre usuarios afines.

Figura 129: Página publicada en Blog

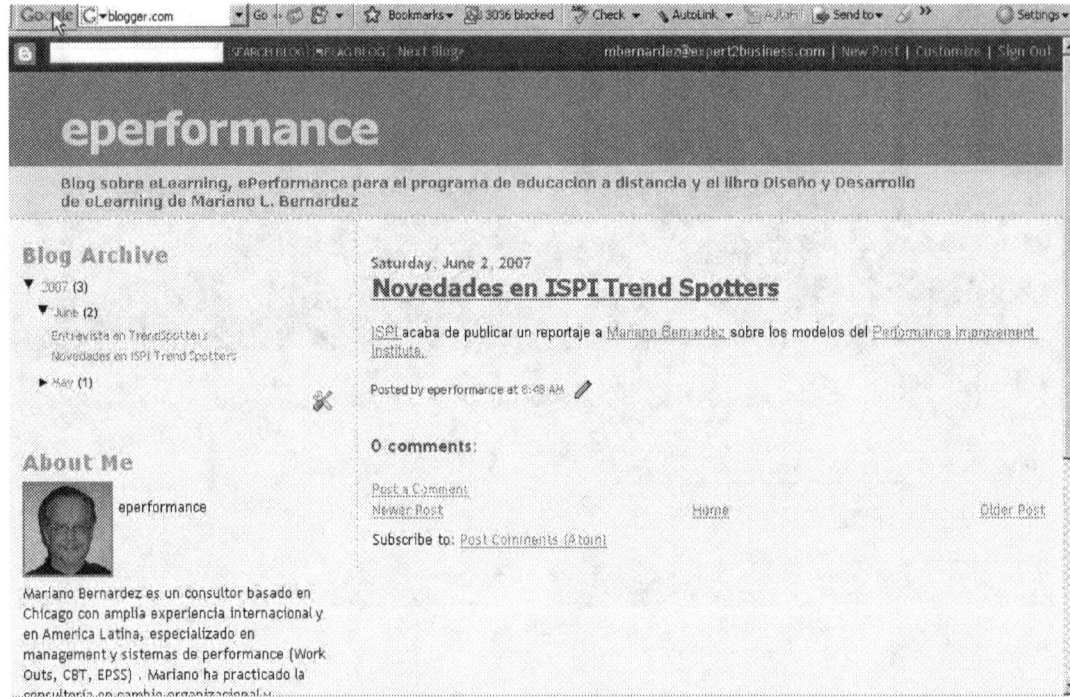

Desde una perspectiva de gestion del conocimiento, los Blogs son otra herramienta clave para estimular el compartir conocimiento, asi como para crear redes sociales que facilitan la comunicación y conocimiento interpersonal asi como la expresión.

En forma indirecta, el crear Blogs tambien contribuye a desarrollar las competencias de uso del Internet y de comunicación escrita y visual.

Podcasts

La aparicion de dispositivos portatiles para reproducir sonido ha recorrido un largo camino desde los tocadiscos portatiles de la década del 50 hasta llegar en el siglo 21, a una nueva fase de desarrollo y popularidad con el uso del Internet para publicar musica (iTunes[182]) o video (YouTube[183]) que permiten

---

[182] Mas informacion sobre iTunes en la tienda iTunes, URL:
http://www.apple.com/itunes/download/?itmsUrl=itms%3A%2F%2Fax.phobos.apple.com.edg
esuite.net%2FWebObjects%2FMZStore.woa%2Fwa%2FviewPodcast%3F%26%26ign-
mscache%3D1 y en URL: http://es.wikipedia.org/wiki/ITunes
[183] Explore YouTube en URL: http://www.youtube.com y vea el concepto en URL:
http://es.wikipedia.org/wiki/YouTube

a millones de usuarios descargar, intercambiar y escuchar o ver musica o video online.

Los *Podcasts*[184] son programas Web 2.0 que permiten grabar y publicar sonido en el Internet usando ASPs gratuitos.

Creando un PodCast

Para crear un Podcast, se precisa contar con un mecanismo de grabacion, que puede ser otro ASP como Audacity (URL: http://audacity.sourceforge.net/) o programas de grabacion como Cakewalk Pyro (URL: http://www.download.com/Cakewalk-Pyro/3000-2646_4-10230318.html) para grabar en el formato *.mp3*, que es el formato optimizado para Internet.

Con un microfono conectado al ordenador, estos programas permiten grabar locucion, musica desde CDs e incluso combinar bandas de sonido que se pueden visualizar en pantalla.

Figura 130: Grabando un Podcast con Cakewalk Pyro

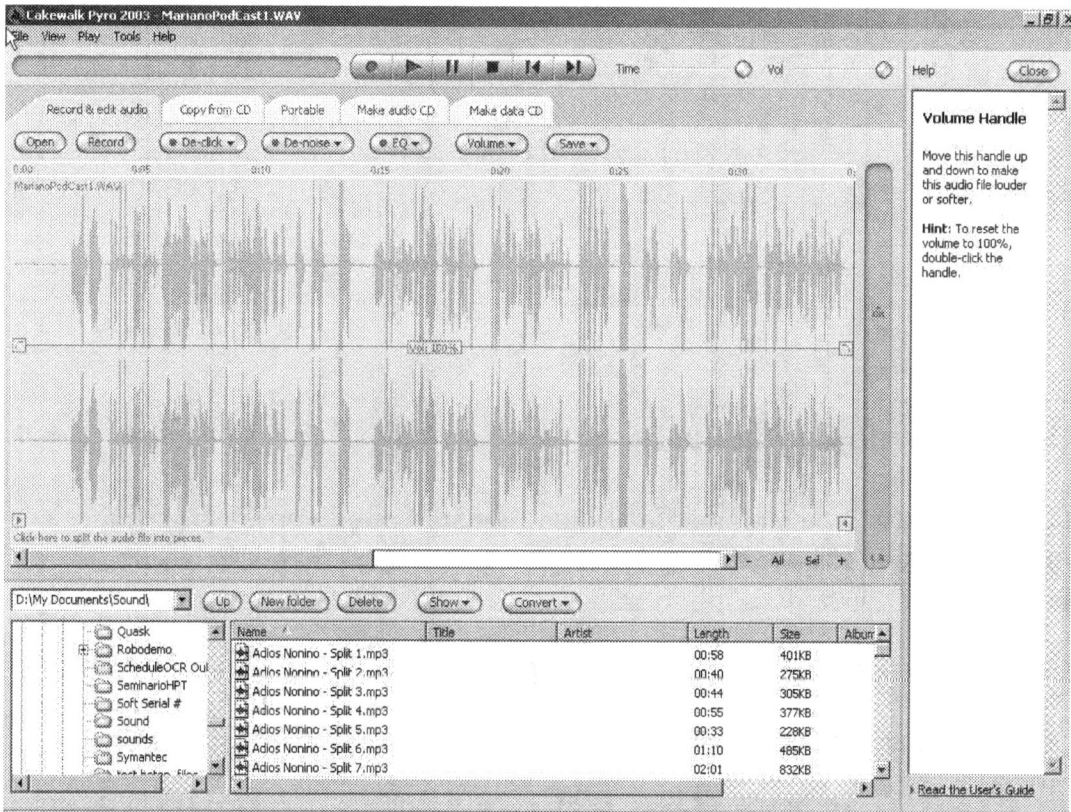

---

[184] Mas informacion sobre PodCast en URL: http://es.wikipedia.org/wiki/Podcasting

Una vez creado el archivo sonoro, se puede subir al Web mediante ASPs para podcasting como Ourmedia.org (http://ourmedia.org/) o Yahoo Flickr (http://www.flickr.com), o bien Internet Archive (http://www.archive.org/index.php)

En nuestro caso, usaremos este último, que permite publicar el archivo y genera un enlace para escucharlo.

Figura 131: Publicando un PodCast

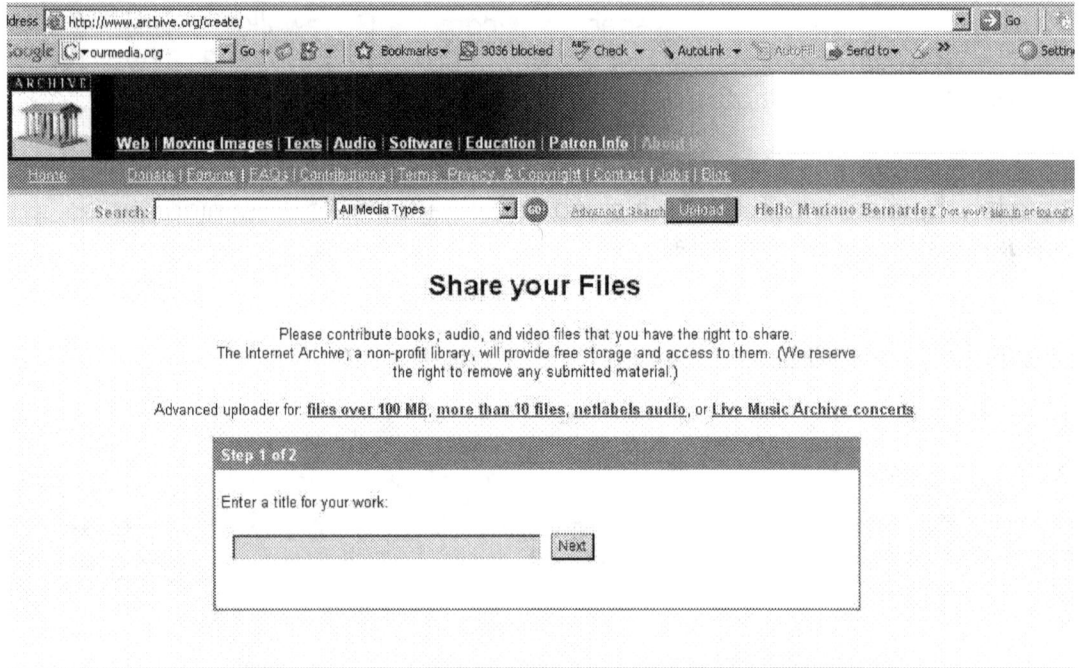

Distribuyendo un PodCast

Los ASP crean inmediatamente URLs que usted puede enviar a quienes quiera que las reciban. Puede escuchar nuestro ejemplo por la URL:
http://www.archive.org/details/Podcast1MarianoBernardez)

Otro sistema es el de colocarlas en un portal ASP como Internet Archive o iTunes store con palabras clave para que otros las encuentren. Las Figuras 132 y 133 muestran ejemplos respectivos.

En cualquier caso, usted puede elegir donde publicar su PodCast teniendo en cuenta el publico al que quiere dirigirse.

Figura 132: Publicando y difundiendo un PodCast con Internet Archives

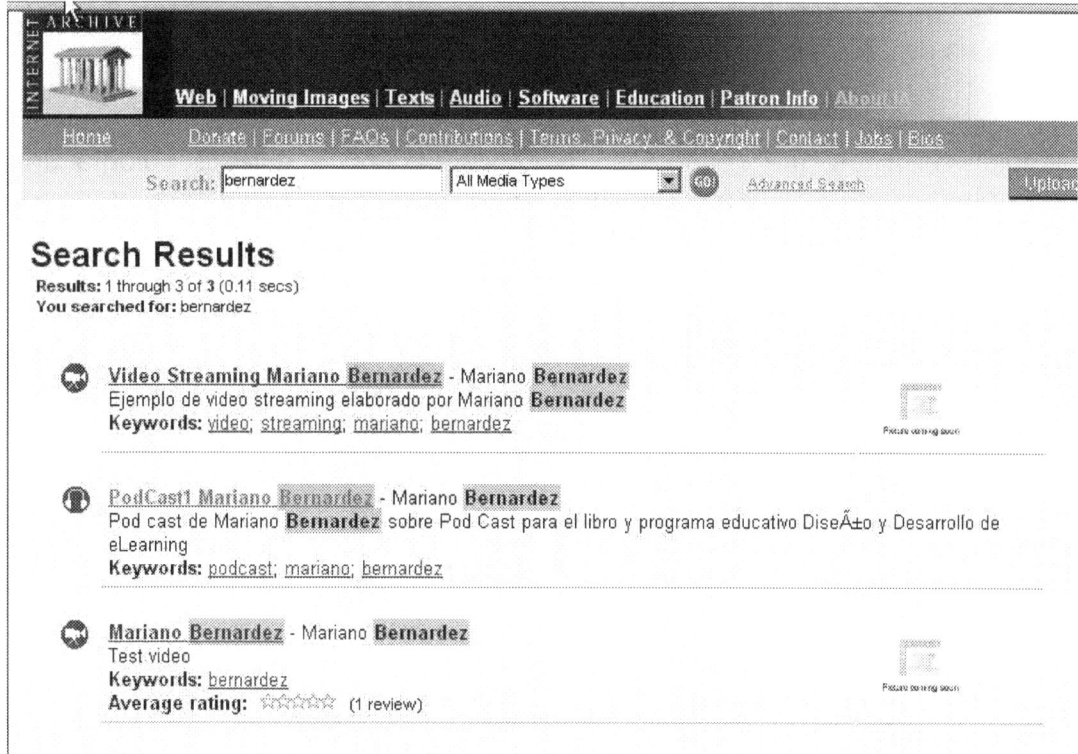

Figura 133: Publicando y escuchando Podcasts en iTunes store

Con 40 millones de usuarios de iPod en el mundo en 2007, el alcance del PodCast es significativo: un estudio reciente[185] muestra que los 844.000 PodCasts de 2007 se transformaran en 56 millones para 2010.

El auge de las radios XM[186] satelitales y la portabilidad y movilidad de los dispositivos a los que llegan los PodCasts hacen de esta tecnología una herramienta especialmente efectiva para llegar a audiencias remotas, moviles o de las generaciones X e Y[187].

---

[185] Diffusion Group, para mas informacion sobre el mercado potencial de PodCast, ver URL: http://news.com.com/Researcher+sees+huge+growth+in+podcast+audience/2100-1025_3-5777201.html
[186] Mas informacion sobre radios XM satelitales en URL: http://en.wikipedia.org/wiki/XM_Satellite_Radio
[187] Mas informacion sobre generaciones X e Y en URL: http://en.wikipedia.org/wiki/Generation_Y

Materiales de Diseño Educativo

Diseño General: Planilla D 2

Audiencia

Curso:		
Análisis de la Audiencia		
Datos clave	Situación actual	Requerimientos del curso
Demográficos: ❑ Cantidad ❑ Localización ❑ Disponibilidad ❑ Edad media ❑ Nivel de formación Experiencia y actitud hacia la tecnología		

Tecnológicos
❑ Hardware
  ○ RAM
  ○ CD ROM
  ○ Sonido
  ○ Impresora
  ○ Micrófonos
  ○ Videocámara
❑ Software
  ○ Sistema operativo
  ○ Buscador
  ○ Aplicaciones
❑ Conexión
  ○ MODEM
  ○ Broadband
❑ Extras
  ○ Flash
  ○ Acrobat
Video players		

Habilidades y actitudes ❑ Manejo de PC ❑ Manejo online ❑ Estudio autodirigido		

Curso

Destinatarios	Objetivos	Contenidos	Estrategia	Métodos	Tecnología

Diseño de Detalle

Diseño de Detalle para Colaborativo: Planilla D3

Plan de Curso (Colaborativo)

Curso:_____ Área:

_____ Fecha / Versión: ____

Período	Objetivos: _Al terminar este período, los participantes estarán en condiciones de:_	Actividades del participante (Ref: Métodos)			Productos a obtener o deliverables	Evaluación
		Individual	En Equipo	En clase general		

Período	Objetivos: Al terminar este período, los participantes estarán en condiciones de:	Actividades del participante (Ref: Métodos)			Productos a obtener o deliverables	Evaluación
		Individual	En Equipo	En clase general		

Syllabus

Programa y plan de curso (Syllabus) – Template

NOMBRE DE LA INSTITUCIÓN

15. Información sobre el curso:
    a. *Código:*
    b. *Título:*
    c. *Fecha de Inicio:*
    d. *Fecha de Finalización:*
    e. *Textos requeridos:*

16. Información sobre el coordinador:
    a. Nombre, grado:
    b. E-Mail:
    c. Canal de contacto sincrónico (IM, teléfono):
    d. Disponibilidad sincrónica (días/horario):
    e. Biografía/Introducción personal:

17. Bienvenida e introducción al curso
18. Programa del curso
    a. Objetivos Generales
    b. Módulos (objetivos)
    c. Cronograma
        1. General
        2. Semanal
19. Áreas de la plataforma

Área	Sección	Función y contenido

20. **Estándares de estudio y participación:**

    a. **Participación semanal requerida:**
- ❑ **Frecuencia**
- ❑ **Extensión**
- ❑ **Calidad**

    b. **Respuestas en Foros de Discusión**
- ❑ **Estilo**
- ❑ **Extensión**
- ❑ **Frecuencia**
- ❑ **Calidad**

    c. **Attachments**

21. **Estándares para grupos de aprendizaje:**

    a. **Propósito**
    b. **Normas y contrato**
    c. **Productos**
    d. **Evaluación**

22. **Entregas fuera de plazo:**
23. **Integridad académica:**
24. **Confidencialidad y derechos sobre el material:**
25. **Sistema de calificación:**

Puntaje	Grado	Puntaje	Grado
95+	A	74-76	C
90-94	A-	70-73	C-
87-89	B+	67-69	D+
84-86	B	64-66	D
80-83	B-	60-63	D-
77-79	C+	<59	F

26. **Puntaje por tipo de actividad:**

    a. **Trabajo individual (__ %):**

Componente	Puntos
Producto semana 1	
Producto semana 2	
Producto semana 3	

Producto semana 4	
Producto semana 5	
Producto semana 6	
Participación	
Respuestas en Foro de discusión	
Síntesis semanal	

b. Trabajo en equipo (__ %):

Componente	Puntos
Producto semana 1	
Producto semana 2	
Producto semana 3	
Producto semana 4	
Producto semana 5	
Producto semana 6	
Participación en grupo de aprendizaje	

27. Asignaciones y plan de trabajo semanal

Semana	Objetivos	Lecturas
1		
2		
3		
4		
5		
6		

28. Calendario de productos a entregar y fechas:

Semana	Fechas de entrega	Individuales	Equipos
1			
2			
3			
4			
5			
6			

Plan de Estudio – Sección Asignaciones

Este es un modelo de como organizar una sección única en la plataforma LMS con hipervínculos a todas las secciones y tareas.

Competencia u objetivo a desarrollar[188]	Asignaciones o tareas individuales (TI) , grupales (TG) o tests[189]	Material de lectura, enlaces a revisar y estudiar[190]	Fecha de entrega o terminación[191]

---

[188] Referencia al Syllabus, para orientar al alumno

[189] Una línea con hipervínculo por cada tarea, que debe conducir al alumno a la sección donde debe realizarla

[190] Una línea por ítem, con hipervínculo al material en secciones del LMS o del Web que se desee que el estudiante lea y revise

[191] La fecha debe ser consistente con las pautas del syllabus y también tener en cuenta la disponibilidad de tiempo del alumno. Con adultos que trabajan, los lunes o martes son buenas fechas de entrega, pues les permiten trabajar full time los fines de semana en el curso.

Rubrica para evaluación de papers

Evaluación Trabajo Práctico entregado
Análisis de artículo

Estudiante:
Grupo:
Trabajo entregado:

Factor	Nivel					Peso	Comentario
	1	2	3	4	5		

B. Estándares
  1. Titulo correcto
  2. Contesta todas las preguntas
  3. Dentro de la extensión requerida
  4. Dentro del plazo requerido
  5. Agrega elementos de valor
						20	

D. Comunicación y presentación
  6. Uso correcto del vocabulario técnico
  7. Identificación de trabajo, autor, versión, colocación en lugar correcto
  8. Redacción y sintaxis correctas
  9. Elaboración personal
  10. Ejemplificación, analogías
						40	

E. Elaboración
  1. Relaciona conceptos
  2. Usa ejemplos adecuados
  3. Usa cuadros, tablas
  4. Aporta elaboración personal
  5. Compara con otros materiales, autores
						40	

Total posible						100	
Total obtenido							

Rúbrica para evaluación de equipo

Trabajo y Organización de equipo virtual
Guía de evaluación grupal

Evaluador:
Equipo:
Mes evaluado:

Instrucciones: completen la guía y colóquenla en el tablero de discusión de su equipo cada mes

Aspectos a considerar

Área	Nivel actual 1: Bajo 5:Optimo	Aspectos a mejorar
11. Calidad de trabajo	1 2 3 4 5	
12. Organización	1 2 3 4 5	
13. Comunicación	1 2 3 4 5	
14. Cumplimiento	1 2 3 4 5	
15. Compañerismo	1 2 3 4 5	
16. Planificación	1 2 3 4 5	
17. Liderazgo	1 2 3 4 5	
18. Control de calidad	1 2 3 4 5	
19. Distribución de tareas y esfuerzo	1 2 3 4 5	
20. Aporte de todos los miembros	1 2 3 4 5	

C. Acciones concretas que llevaremos adelante para mejora en este mes próximo:

D. Qué hemos aprendido de esta experiencia que se puede aplicar a la mejora del desempeño de una organización

Referencias

Todos los materiales citados estan disponibles para su adquisicion por medios digitales –Amazon, Barnes & Noble- o accesibles por enlaces a articulos en forma directa –usando la URL citada en este texto- o por medio de Google y otros sitios Web.

En el caso de la bibliografia, lamentablemente, hay escasas obras de consulta en castellano –siendo esta una de las razones para este libro- , por lo que he agregado una extensa bibliografia en ingles actualizada al año de edicion de este libro y que será ampliada en sucesivas ediciones.

Bibliografia

Batelle, J. (2005) *The search: how Google and its rivals rewrote the rules of business and transformed our culture.* New York, NY: Penguin

Bernardez, M. (1999,2005) The galaxy of the common person. *ISPI, PIGNC*

Bernardez, M. (2002) Nuestro e-Learning, sirve para aprender?. *ISPI, PIGNC*

Bernardez, M. (2003) From e-Training to e-Performance. *Educational Technology*

Bernardez, M. (2006) *Tecnología del Desempeño Humano. Authorhouse-Global Business Press*

Bernardez, M. (2007) Desempeño Organizacional. *Authorhouse-Global Business Press*

Boiko, B. (2002) *Content Management Bible.* New York, NY: Hungry Minds

Brooking, A. (1999) *Corporate memory: strategies for knowledge management.* Filey, North Yorkshire, UK: International Thomson Business Press

Clark, R.C. (1989) *Developing technical training.* Phoenix, AZ: PT Press

Corrado, C.A., HUlten, C.R. & Sichel, D.E. (2002) *Measuring capital and technology: an expanded framework.* Washington DC: Federal Reserve Board & University of Maryland

Corrado, C.A., HUlten, C.R. & Sichel, D.E. (2006) *Intangible capital and economic growth.* Cambridge, MA: National Bureau of Economic Growth

Davenport, T.H. & Prusack, L. (1998) *Working knowledge: How organizations manage what they know.* Cambridge, MA: Harvard Business School Press

Dawson, R. (2000) *Developing knowledge-based client relationships: the future of professional services.* Woburn, MA: Butterworth-Heinemann

Drucker, P. (1985) *Innovation and entrepreneurship.* New York, NY: Harper Business

Drucker, P. (1992) *Managing for the future.The 1990s and beyond.* New York, NY: Harper Business

Drucker, P. (1993) *Post-capitalist society.* New York, NY: Harper Business

Drucker, P. (1999) *Management challenges for the 21st century.* New York, NY: Harper Business

Fisher, K. & Fisher, M. D. (1998) *The distributed mind: Achieving high performance through the collective intelligence of knowledge work teams.* New York, NY: AMACOM

Florida, R. (2002) *The rise of the creative class.* Cambridge, MA: Perseus Books Group

Florida, R. (2005) *The fligth of the creative class*: *The new global competition for talent.* New York, NY: Harper/Collins

Gery, G. (1992) *Electronic Performance Support Systems.* Cambridge, MA: Pfeiffer

Gibson, C.B. & Cohen, S.G. (editors) (2003) *Virtual teams that work. Creating conditions for virtual teamwork effectiveness.* San Francisco, CA: Jossey-Bass

Hamel, G. & Prahalad, C.K. (1994) *Competing for the future: breakthrough strategies for seizing control of industries and creating the markets of tomorrow.* Boston, MA: Harvard Business Press

Harrison, N. (1999) *How to design self-directed and distance learning programs.* New York, NY: McGraw-Hill

Harvard Business Review (1987, 1991, 1993,1996,1997,1998) *Harvard*

Business Review on Knowledge Management. Cambridge, MA: Harvard Business School Press

Hassell-Corbiell, R. (2001) *Developing training courses.* Tacoma, WA: Learning Edge Publishers

Hoefling, T. (2003) *Working virtually: managing people for successful virtual teams and organizations.* Sterling, VA.: Stylus Publishing

Hoffman, J. (2001) *The synchronous trainer's survival guide.* Essex, CT: InSync Training Synergy LLC.

Jenster, P. & Hussey, D. (2001) *Company analysis: determining strategic capability.* SF: Wiley

Jones, G.R. (2004) *Organizational theory, design and change.* Upper Saddle River, NJ: Pearson Education

Kruse, K. & Keil, J. (2000) *Technology-Based training: the art and science of design, development and delivery.* San Francisco, CA: Jossey-Bass

Leonard, D. (1998) *Wellsprings of knowledge: building and sustaining the source of innovation.* Cambridge, MA: Harvard University Press

Marquadt, M.J. & Kearsley, G. (2000) *Technology-based learning: maximizing human performance and corporate success.* Boca Raton, FL: CRC Press

Moore, G. A. (1991) *Crossing the chasm: marketing and selling high-tech products to mainstream customers.* New York, NY: Harper Business

Moore, G. A. (1991,1999) *Crossing the chasm: marketing and selling high-tech products to mainstream customers.*New York, NY: Harper-Collins

Murray, C. (2003) *Human Accomplishment.* New York, NY: Harper/Collins

Palloff, R.M. & Pratt, K. (1999) *Building learning communities in cyberspace.* San Francisco, CA: Jossey-Bass

Pike, C. (2004) *Virtual monopoly: building an intellectual property strategy for creative advantage: from patents to trademarks, from copyrights to design rights.* New York, NY: Harper-Collins

Piskurich, G. M. (2003) Preparing learners for e-learning. San Francisco, CA: Jossey-Bass

Poltorak, A.I. & Lerner, P.J. (2005) *Essentials of intellectual property.* New York, NY: McGraw-Hill

Pressman, D. (2005) *Patent it yourself.* New York, NY: AMACOM

Rhodes, J. (2001) *Videoconferencing for the real world. Implementing effective visual communications systems.* Woburn, MA: Butterworth-Heinemann

Salmon, G. (2000) *E-Moderating: the key to teaching and learning online.* London, UK: Sterling

Shackelford, B. (2002) *Project managing e-learning.* Alexandria, VA: ASTD

Stewart, T.A. (2004) *Intellectual capital: The new wealth of organizations.* Cambridge, MA: Harvard University Press

Stim, R. (2005) *Patent pending in 24 hours.* New York, NY: Harper/Collins

Sullivan, P. (2004) *Profiting from intellectual capital: extracting value from innovation.* San Francisco, CA:McGraw-Hill

Sullivan, P. (2005) *Value driven intellectual capital: how to convert intangible corporate assets into market value.* New York, NY: Harper/Collins

Tanaka, G. (2004) *Digital deflation: the productivity revolution and how it will ignite the economy.* New York, NY: McGraw-Hill

Tiwana, A. (2000) *The knowledge management toolkit: practical techniques for building a knowledge management system.* New York, NY: Prentice-Hall

US Department of Commerce (2005) *Patents and how to get one: a practical handbook.* Washington, DC: US Department of Commerce

Von Krogh, G.; Ichijo, K. & Nonaka, I. (2000) *Enabling knowledge creation: How to unlock the mistery of tacit knowledge and release the power of innovation.* New York, NY: Oxford University Press

Winters, F.J. & Manchester, J.T. (2002) *Web collaboration using Microsoft Office XP and NetMeeting.* Upper Saddle River, NJ: Prentice Hall

Zimerman, B.J. ,Bonner, S. & Kovach, R. (1996) *Developing self-regulated learners.* Washington, DC: American Psychological Association

www.ingramcontent.com/pod-product-compliance
Lightning Source LLC
Chambersburg PA
CBHW081114170526
45165CB00008B/2451